# 改正卸売市場法の解析と展開方向

細川 允史 著
Masashi Hosokawa

筑波書房

# はじめに

三年余前、内閣府規制改革推進会議提言が出たときは、卸売市場業界は大騒ぎになりました。卸売市場がなくなるという騒ぎでした。それから各界で真剣な論議が行われ、昨年平成三十（二〇一八）年に改正卸売市場法として結実しました。

できあがってみれば、卸売市場の否定ではなく、生鮮食料品等流通の核としての位置づけがされています。大幅に削除された取引関係の条文も、だから法的規制がなくなって自由化されたというわけではなく、状況が地域によって多様化していることから、各卸売市場でルールを決めてください、と言う各市場設定という方式になりました。開設者が各市場設定を決めるときには取引参加者の意見を聴かなければならないと言うことも明文化されています。後は、各卸売市場でどう決めるか、ということです。

改正卸売市場法の最大の特徴は、卸売市場開設の許認可制を認定制にしたことです。それがどういうことなのか、どう変わるのか、について、卸売市場関係者は必ずしも正確に深く理解しているとは、私の経験上もいえないと痛感しております。

そうすると、その他取引ルールの各市場設定を自分たちが行わなければならないのに、どう変わったか、の理解もなく、現状の知識だけで検討しても、成果は期待できません。

また、行政や識者がこうなります、といっても、どうしてそう解釈できるのか、を自身でトレースしないと、本当には胸に落ちないと思います。

改正卸売市場法は、現行卸売市場法（二〇二〇年六月二十日まで、認定手続きを除いた主要部分が有効の卸売市場法）にあった取引規定の多くが削除され、それ以外でも条文削除、そして新しい条文の追加もあります。改正卸売市場法は条文数が83条から19条に減っています。しかし、新現行卸売市場法を比較対照することで、認定制卸売市場の本質がわかるということではなく、基本的知識があれば、改正卸売市場法をよく分析することで、認定制卸売市場の本質は理解できると思うにいたりました。

本書は、筆者・細川允史の解析によるものです。思考回路もできるだけくわしく述べております。卸売市場の業界幹部の方にうかがいますと、多忙で、改正卸売市場法の条文はよく読んでいない、という方が多くおられます。解説・解析と改正卸売市場法・政令、省令・基本方針の全文を巻末につけることによって、比較対照しながら、よりご理解がいただけると期待しております。

そして、新制度のもとで、いま卸売市場で活動されている皆様が、卸売市場の活性化をさらに進めていただければと願っております。

本書は、その他取引ルールの各市場設定の作業が始まる中で、関係者に改正卸売市場法の理解が十分でないと感じたことから、緊急出版の形で、急遽作成したものです。内容は筆者の見解ではありますが、作業の中で、多くの方々に、ご意見をいただくなどご協力をいただきました。さらには、筑波書房の鶴見社長には、年度末で出版が立て込んでいる中で、できるだけ早期の出版にお骨折りいただきました。この場をお借りして、深く感謝の意を表します。

二〇一九年三月

【お断り１】本書の内容は、筆者・細川允史の個人的見解です。できるだけ客観性ということを心がけましたが、条文の解釈も含めて、完全に法律作成者の意図を理解しているわけではないことをお断りします。あくまで考え方の参考としてお使いください。本書の内容を利用される場合には、必要に応じて関係機関にお問い合わせ、ご確認をお願いします。

【お断り２】本書は、平成三十一（二〇一九）年三月に出版される予定ですので、その時点で有効な卸売市場法（二〇二〇年六月二十日まで有効な卸売市場法）を現行卸売市場法と呼称します。しかし、本書を改正卸売市場法が現行法になる二〇二〇年六月二十一日以降に読まれる方は、現行卸売市場法を旧卸売市場法と読み替えてください。
（二〇二〇年時点での年号未定のため、西暦のみ記した。）

# 目次

## 第四章　認定制卸売市場となって変わったこと

# 第一章　改正卸売市場法の本質解析と各市場設定への提言（要約）

本章は、最後まで通読しないとわからないということにならないようにと、第二章以降で展開する改正卸売市場法に関する詳述を要約したものです。

## 1　改正卸売市場法についての国の説明（まとめて要約）

この箇所は、平成三十（二〇一八）年五月二十日の衆議院本会議、及び二十三日の農林水産委員会議事録をもとにしている。

### (1)　一連の法制定後の変化について政府の見解

大正時代に、卸売業者による売惜しみや買占めを通じて価格のつり上げが横行し、国民生活に混乱が生じていたことから、大正十二年に中央卸売市場法が制定され、中央卸売市場の開設と卸売業者の業務を許認可制とし、取引にも厳格な規制が課された。また、昭和四十六年に、中央卸売市場法を基礎とし、地方卸売市場に対する規制を追加して、現行の卸売市場法が制定された。

その後、現在まで、買い手と売り手の情報格差がなくなり、価格つり上げがしにくい環境になっているほか、小売業の大規模化に伴い買い手の交渉力が高まっているといった取引環境にあり、市場外流通が拡大し、インターネット通販、契約取引等、流通の多様化が進んでいる。

## (2) 改正卸売市場法案の趣旨説明

食品流通においては、加工食品や外食の需要の拡大、通信販売、産地直売等、流通の多様化が進んでいる。こうした状況変化に対応して、卸売市場において創意工夫を生かした取組の促進、物流コストの削減、品質、衛生管理の強化などの流通の合理化、取引の適正化を図ることが必要となっている。公正な取引環境の確保と卸売市場を含む食品流通の合理化とを一体的に促進する観点から、この法律を提出した。

【卸売市場法の一部改正の内容】

○第一に、卸売市場が食品等の流通において生鮮食料品等の公正な取引の場として重要な役割を果たしていることに鑑み、卸売市場の認定に関する措置等を講ずることを定める。

○第二に、卸売市場の業務の運営、施設等に関する基本的な事項を明らかにするため、卸売市場に関する基本方針を定めることとしている。

○第三に、農林水産大臣又は都道府県知事は、生鮮食料品等の公正な取引の場として、差別的取扱いの禁止、売買取引の条件や結果の公表等の取引ルールを遵守し、適正かつ健全な運営を行うことができる卸売市場を、基本方針等に即して中央卸売市場又は地方卸売市場として認定することとしている。

○第四に、国は、食品等の流通の合理化に取り組む中央卸売市場の開設者に対し、予算の範囲内において、その施設の整備に要する費用の十分の四以内を補助することができることとしている。

## (3) 認定制に関する質問に対する答弁

現行卸売市場法では、農林水産大臣や都道府県知事の許認可を受けなければ卸売市場の開設が認められないが、本法案では、許認可を受けずとも卸売市場の開設をすることができることとする一方で、生鮮品の公正な取引の場としての要件を満たす卸売市場を農林水産大臣が認定をし、中央卸売市場、地方卸売市場の名称を使用させ、施設整備への助成を行う等により、その振興を図ることとした。

認定制のもとでも、開設者が卸売業者等に公正な取引の場として必要な取引ルールを遵守させ、厳格な監督を行うとともに、農林水産大臣が開設者に指導監督することにより、卸売市場が高い公共性を確保するとしている。

現行法では、卸売市場の運営等の細部にわたり国が一律に規制を課しているが、認定制のもとで、公正な取引の場としての要件は確保しつつ、創意工夫の発揮が促されることがメリットと考えている。

また、認定制のもとでも、卸売業者が出荷者や買受人に対して差別的な取扱いをしない、取引条件や結果等を公表する等の取引ルールを遵守することを求め、厳格な審査と監督を行うことにしており、卸売市場の公共性を確保していく。

### (4)　筆者コメント

許認可制が認定制となる理由については、卸売市場開設の申請にあたって、各開設者が、法で定める基本的遵守事項は守ることを前提として、各々の卸売市場に適合した取引ルールを設定し、その他の必要事項を併せて記載して申請し、それを認定権者（国・都道府県）が適切と確認（認定）する、ということである。

## 2　認定制により開設者が卸売市場構成員の市場参画と市場運営の全権限と責任を負うことになる

認定制に伴い、開設者がすべての卸売市場構成員（卸売業者、仲卸業者、売買参加者、関連事業者など）についての措置の権限を持つ（現行卸売市場法では、卸売業者の措置については国・都道府県が持っている）の決定をすることになったことは、卸売市場の運営に取り組みやすくなるというメリットがあるが、反面、構成員の選択・決定はすべて開設者の責任において行うということにもなり、それに伴う責任も生じる。

民設卸売市場では、開設者＝卸売業者である場合が多く、オーナーである卸売業者が全権限の行使をできるが、公設卸売市場においては、通常は開設自治体は卸売業務などの実質的活動を行わないので指導・監督という立場になる。

そのために、卸売市場機能の維持の立場から、それら構成員が法令遵守事項を守っているかどうかの確認・指導、構成員の経営・財務の健全性の確保、そのための財務状況の確認と検査・指導、などの責任を負うことになり、そのための要員の確保とスキル向上が求められる。

ただし、認定権者側も、認定に伴う責任は生じ、それ故に立ち入り検査等で認定した卸売市場について開設者に指導監督を行うこととなる。

## 3　開設者における遵守事項監視体制について

国・都道府県は、開設者に対して、取引参加者が遵守事項に違反した場合の措置、卸売業者の事業報告書等を通じての財務状況の定期的確認、卸売市場構成企業に対する指導監督、それに必要な人員の確保等、などを規定している。

そのため、開設者として公表義務等の履行状況をチェックして記録することや、受託拒否や差別的取扱いを受けたとする被害者からの訴え受理機能をもたせることなどが必要と考える。大企業によく設置されているコンプライアンス部門に近いイメージである。

## 4　その他取引ルールの各市場設定について

### (1)　改正卸売市場法に明記されている事項は各市場設定の対象外となる

その他取引ルールは、改正卸売市場法第四条第5項の五に定める遵守事項（受託拒否の禁止／差別的取扱いの禁止など七項目）以外の項目を定め、かつ同遵守事項（七項目）の内容に反するものであってはならない。

**（2）各市場設定の検討が想定される主要項目（本書掲載項目）**

（基本方針による例示項目を含む）

第三者販売／直荷引き／商物分離／開設区域／開設区域に代わる考え方／自己買受け／地方卸売市場における受託拒否の禁止／仲卸業者の手続き／売買参加者の手続き、など

**（3）法的にはないが各市場設定に入れて欲しいという意見がある項目**

＊卸売市場が二十四時間型になり、暦上の一日と違う区分になっていることの是正

＊現状に合わない、ないしは障害となっている既得権益の打破

**（4）各市場設定の際に留意すべきこと**

①取引参加者の意見を聴かなければならない。記録の作成、保存も必要（注：保存は各市場設定になる）。

②取引参加者の構成は、卸売市場の卸売業者、仲卸業者、売買参加者、出荷者、買出人、それと取引参加者とは言えないが、卸売市場の構成員として関連事業者からも聴くことが望ましい。

③その他取引ルールは、基本的なことは上位の法規（公設卸売市場の場合は条例化も）で規定する必要があるが、状況の変化で頻繁に変わったり、企業ごとに違う考えがある内容などについては、手続き面の煩雑さを避けられる方法（規則、要綱、要領、市場運営協議会などの組織での合意・決定など）の採用も検討する必要がある。

## 5　各市場設定（業務規定）の項目別検討

### (1)　開設区域に代わる考え方＝地域住民への安定供給確保原則

公設卸売市場で開設区域の設定をなくすると、その自治体の守備範囲が不明確になり、予算根拠がなくなると懸念する自治体も多い。なお、民設卸売市場では自治体の公金を元にしている場合以外は、開設区域という考え方が元々必要がない。

開設区域は各市場設定で復活できるが、実態との乖離は避けられず、受託拒否の禁止とも矛盾する（開設者が開設区域の需要量に達した段階で入荷を止めることができない）ので、復活するべきではない。

それに代わる説明として、公設卸売市場や第三セクター卸売市場（自治体も関与しているので）などでは、自治体の地域住民への安定供給確保原則を各市場設定に入れることを提案する。民設卸売市場でも、その卸売市場の方針として入れるのはもちろんありえる。その原則を具現化していくのが卸売市場の取引参加者すなわち各構成員の役割である。

### (2)　所属卸売市場への貢献度という概念を入れる

卸売市場の構成員は、お互いに助け合って卸売市場を維持する義務を課す必要がある。卸売業者の「第三者販売」、仲卸業者の直荷引きを無制限に行うと、仲卸業者の衰退、卸売業者の衰退などで卸売市場は崩壊する。各市場設定で、その原則の確認と、限度についての設定をするべきである。守らない場合の退場規定（認定申請書類からの名簿登載の削除）なども入れる必要がある。

### (3)　買受人の定義の考察

改正卸売市場法では、買受人とは卸売業者の取引先（卸売先）すべてを指す。仲卸業者は改正卸売市場法第二条に定義がある。売買参加者は法的には定義がないが、基本方針には出てくるので、せり参加資格その他で位置づける。また、第三者というカテゴリーも改正卸売市場法では消滅しているが、基本方針にその表現があることから、現行卸売市場法下の第三者販売を、「一般販売」に統一するか、一般販売（第三者販売）とすることを提案する。

### (4) 卸売業者の認め方

卸売業者については、卸売市場の必置機関であり、開設者が決定するしかない。想定される卸売業者の認め方（行政行為）については、業務許可、認定、施設使用許可、などがあり、それぞれ特徴がある。どれを選定するかは、開設者の判断である。それぞれの行政行為の特徴については、第四章４　開設者による卸売業者決定の行政行為の種類について、で考察している。

### (5) 公設卸売市場における仲卸業者の手続き

仲卸業者の取引先は卸売業者である。民対民の取引は、お互いに取引契約を交わすことが前提で、その裏には与信管理がある。卸売業者と仲卸業者の取引契約、事前了解を仲卸業者の条件とすることが望ましい。開設者＝卸売業者である卸売市場では、現在もそうなっている。

公設卸売市場や第三セクター卸売市場など、開設者と卸売業者が異なる人格である卸売市場では、仲卸業者が卸売業者と取引することを了解する取り決めをすることを条件として、開設者は施設使用許可を行うという方式が考えられる。ただし、いま入場している仲卸業者については、この方式により、立場が不安定になることはできるだけ避けたいので、移行措置として認定申請に伴う仲卸業者の決定については、原則として現状を尊重する考えで、開設自治体が関与する考え方も必要である。

### (6) 売買参加者の手続き

売買参加者も卸売業者の取引先であるので(5)と同じ論理で卸売業者が取引先として認めることで売買参加者と

して認める。卸売市場内での業務は定義上認められないので、施設の使用許可は必要なく、現行卸売市場法にある開設者による売買参加者承認手続は不要となる。現在、売買参加者となっている者については、移行措置として、(5)と同じ考え方とするのが望ましい。

ただし、卸売単位でその場で現金取引をする者については、卸売業者にとってリスクがないので、売買参加の資格を卸売業者として認める手続も不要という考え方も論議する必要がある。

### (7) 新陳代謝による卸売市場活性化ができるしくみの導入の検討

現行卸売市場法では、一度入場した市場企業は、使用料滞納以外は退場のしくみがない。これが、緊張感の不足につながるので、名簿登載の有効期限を設け（例えば十五年）、条例、規則、各市場設定で定める基準に従い、延長の可否を判断する。できるだけ元気な企業の入場促進を図る。

### (8) 一般販売（第三者販売）

一般販売（第三者販売）は卸売業者と仲卸業者の間の商圏調整の問題であるが、地域によって、あるいは分野（旧部類）によってまちまちであるので、筆者としてまとまった考え方を示すことはできない。そこで、各卸売市場で議論する材料として、いろいろな意見を列挙してある。くわしくは、本文第五章　その他取引ルール各市場設定の参考的考察12　一般販売（第三者販売）をご覧いただきたい。

### (9) 直荷引き

所属卸売市場への貢献度という概念と、所属卸売市場の卸売業者からの荷揃え困難という状況のバランスによる規定を各市場設定として設定することで、お互いが納得する線を見つけて欲しい。直荷引きが多すぎると、当該卸売市場の必置機関である卸売業者の疲弊を招き、卸売市場そのものの存亡に関わることになる。

### ⑽　遵守事項のうち受託拒否の禁止と差別的取扱いの禁止の監視について

改正卸売市場法第四条第５項の五に規定する遵守事項のうち、受託拒否や差別的取扱いの行為については、書類等からその証拠を見つけるのが非常に困難である。そのため、受けたとする被害者からの訴えを受理する機能を持たせることを各市場設定（業務規定）に入れることを提案する。それを入れる部署は、公設卸売市場であれば開設自治体の中と、できれば卸売業者のコンプライアンス機能部門、開設者＝卸売業者である民設卸売市場の場合は卸売業者に設置する開設者機能部門（遵守事項監視機能）である。

このふたつは、書類などから証拠を見つけることが不可能に近いからである。

### ⑾　商物分離

商物分離については、大量輸送に伴う経済合理性に基づいた行為であり、現物が卸売市場を通らないことから、仲卸業者の出番がないことになる。改正卸売市場法では、仲卸業者も商物分離を行うことも可能であることから、各市場設定で卸売業者だけを規制する規定を設けることはなじまないと考える。

ただし、商物分離の比率が高くなると、卸売市場という施設が不要になるという問題が生じるので、この視点からの制限は議論の余地がある。

### ⑿　全方位型の卸売市場機能を目指す

ここで各卸売市場において、経営展望・戦略、業務規程、各市場設定などで、卸売市場としての基本理念として、**全方位型の卸売市場機能**を目指すことを提案したい。

基本方針の第１の１「卸売市場の位置付け」で、「卸売市場は……食品等の流通の**核**として国民に安定的に生鮮食料品等を供給する役割を果たすことが期待される。」としている。この期待に応えるためには、わが国のあらゆる流通チャンネルに供給する能力を目指す、つまり全方位型流通を目指す、という目標を立てることが望ましい。

つまり、卸売業者、仲卸業者、売買参加者、一般買受人がそれぞれ担う部分を調整し、より広い供給圏を獲得していく戦略を、それぞれの立場から描いていく取組である。

これは、従来のしくみ、業種を前提として考えるのではなく、より流動的にかつ包括的な改革につながり、卸売市場の変貌による発展に繋がると信じる。

## 6　各市場設定になじまない事項

### (1)　取扱品目の自由化と部類制

事態が流動的であり、企業活動で活発な動きが予想され、フォロー困難。部類制も取扱品目の自由化で仕分けが難しくなるし、変化も激しい。各市場設定での規制により競争に遅れる恐れもある。

### (2)　自己買受け

卸売業者のみの行為であり仲卸業者等に影響がないので、各市場設定に載せる必要がないのではないか。

### (3)　施設の自由化

卸売市場機能ではないし、その他取引ルールの各市場設定の範囲からかけ離れている。

などは、各市場設定の項目としてはなじまないと思料する。

# 第二章　改正卸売市場法の内容と認定制としたことについて

改正卸売市場法の内容と、法の特徴である認定制についての国の説明を、国会の議事録から集録した。

## 1　一連の法制定後の変化について政府の見解

（平成三十（二〇一八）年五月二十三日　衆議院農林水産委員会）

大正時代には、大正七年に米騒動が発生するなど、食料供給が十分でない中で、問屋、これは現在の卸売業者でございますけれども、卸売業者による売惜しみや買占めを通じて価格のつり上げが横行し、国民生活に混乱が生じていたことから、大正十二年に中央卸売市場法が制定され、中央卸売市場の開設と卸売業者の業務を許認可制とし、取引にも厳格な規制が課されたところでございます。また、昭和四十年代には、高度経済成長期の物価高騰のもとで、生食料品について、いわば売り手優位な状況が続いていたことから、昭和四十六年に、中央卸売市場法を基礎とし、地方卸売市場に対する規制を追加して、現行の卸売市場法が制定をされております。

その後、現在までの状況を見ますと、買い手と売り手の情報格差がなくなり、売惜しみ等による価格のつり上げがしにくい環境になっているほか、小売業の大規模化に伴い、買い手の交渉力が高まっているといった取引環境にあり、また、加工品や外食の需要の増加等にともない、市場外流通が拡大し、その流通形態も、インターネット通販、契約取引等、流通の多様化が進んでいると認識をしてございます。

## 2　国による改正卸売市場法案の趣旨説明

（平成三十（二〇一八）年五月十日　衆議院本会議）

食品流通においては、加工食品や外食の需要が拡大するとともに、通信販売、産地直売の流通の多様化が進んでおります。こうした状況変化に対応して、生産者の所得の向上と消費者ニーズへの的確な対応を図るためには、卸売市場につきまして、その実態に応じて創意工夫を生かした取組を促進するとともに、食品流通全体につきまして、物流コストの削減や品質、衛生管理の強化などの流通の合理化と、その取引の適正化を図ることが必要であります。

このため、公正な取引環境の確保と卸売市場を含む食品流通の合理化とを一体的に促進する観点から、この法律を提出した次第であります。

次に、この法律案の主要な内容につきまして御説明申し上げます。

まず、卸売市場法の一部改正であります。

【卸売市場法の一部改正】

○第一に、目的規程において、卸売市場が食品等の流通において生鮮食料品等の公正な取引の場として重要な役割を果たしていることに鑑み、卸売市場の認定に関する措置等を講ずることを定めることとしております。

○第二に、農林水産大臣は、卸売市場の業務の運営、施設等に関する基本的な事項を明らかにするため、卸売市場に関する基本方針を定めることとしております。

○第三に、農林水産大臣又は都道府県知事は、生鮮食料品等の公正な取引の場として、差別的取扱いの禁止、売買取引の条件や結果の公表等の取引ルールを遵守し、適正かつ健全な運営を行うことができる卸売市場を、基本方針等に即して中央卸売市場又は地方卸売市場として認定することとしております。
○第四に、国は、食品等の流通の合理化に取り組む中央卸売市場の開設者に対し、予算の範囲内において、その施設の整備に要する費用の十分の四以内を補助することができることとしております。
—食品流通構造促進法の一部改正に関する部分は割愛—

## 3　認定制に関する質問に対する答弁

（平成三十（二〇一八）年五月十日 衆議院本会議）

### (1) 卸売市場の許認可制から認定制への見直し

現行卸売市場法では、農林水産大臣や都道府県知事の許認可を受けなければ卸売市場の開設が認められませんが、本法案では、許認可を受けずとも卸売市場の開設をすることができることとする一方で、生鮮品の公正な取引の場としての要件を満たす卸売市場を農林水産大臣が認定をし、中央卸売市場、地方卸売市場の名称を使用させ、施設整備への助成を行う等により、その振興を図ることとしたところであります。

認定制のもとでも、開設者が卸売業者等に公正な取引の場として必要な取引ルールを遵守させ、厳格な監督を行うとともに、農林水産大臣が開設者に指導監督することにより、卸売市場が高い公共性を確保するとしております。

### (2) 許認可制と認定制の違い、認定制のメリット、卸売市場の公共性の確保

現行の卸売市場法では、農林水産大臣や都道府県知事の許認可を受けなければ、卸売市場の開設が認められません。他方、本法案では、卸売市場の許認可を受けずとも行い得るとする一方で、生鮮品の公正な取引の場として一定の要件を満たす卸売市場を農林水産大臣等が認定することにより、その振興を図ることとしたところです。

現行法では、卸売市場の運営等の細部にわたり国が一律に規制を課しておりますが、認定制のもとで、公正な取引の場としての要件は確保しつつ、創意工夫の発揮が促されることがメリットと考えております。

また、認定制のもとでも、卸売業者が出荷者や買受人に対して差別的な取扱いをしない、取引条件や結果等を公表する等の取引ルールを遵守することを求め、厳格な審査と監督を行うことにしており、卸売市場の公共性を確保してまいります。

## 4　一連の国会答弁から見る認定制についての筆者の考察

認定制卸売市場について、前掲した国会における政府の発言をもとに、筆者なりの考察を以下に述べる。

大正十二（一九二三）年制定の中央卸売市場法は、江戸初期から長年続いた問屋制卸売市場の行き詰まり（公設卸売市場の必要性と公正取引のしくみの必要性など）から、せり・入札原則と地方公共団体による公設制を軸とする中央卸売市場というしくみが考えられ、中央卸売市場法として法制化された。これは、当時としては画期的な制度であったので、行政主導で、取引が許認可という形で、前掲国会答弁3⑵にある「現行法では、卸売市場の運営等の細部にわたり国が一律に規制を課しております。」というような、規制的内容であった。筆者は中央卸売市場法体制下にあった昭和四五（一九七〇）年に東京都に入り、築地市場に配属されたので、当時の厳しい取引監視の体制というのは身を以て体験している。

厳しい規制と監視の背景となった状況は、国の説明（前掲1　一連の法制定後の変化について政府の見解）によれば「買い手と売り手の情報格差がなくなり、売惜しみ等による価格のつり上げがしにくい環境になっているほか、小売業の大規模化に伴い、買い手の交渉力が高まっているといった取引環境にあり、また、加工品や外食の需要の増加等にともない、市場外流通が拡大し、その流通形態も、インターネット通販、契約取引等、流通の多様化が進んでいる」ことで、全国一律の規制よりも、卸売市場の公共的性格を維持する基本的な事項は法で定めて遵守しつつも、各卸売市場ごとの状況に応じた取引ルールの設定が望ましいとして、それに適応した卸売市場制度とするべく、卸売市場法を一部改正する、ということである。

つまり、卸売市場が多様化した流通環境の変化に対応するためには、卸売市場の公共性の維持に必要な基本的事項としての遵守事項は法的に設定し、それ以外のその他取引ルールは各卸売市場が取引参加者との十分な協議を経て自主的に定めることがよいとして、その他必要事項を記載して申請し、それを認定権者（国・都道府県）が適切と認定（確認）する、としたと筆者は理解している。

全国一律の規制では、多様化した流通環境への対応が困難になっていることから、十分な配慮をした上で、各卸売市場での自主的取組、創意工夫による適応を可能にした制度、といえる。そうできるかどうかは、卸売市場関係者の理解と熱意にかかっている。

# 第三章　改正卸売市場法による卸売市場制度の重要な事項

## 1　卸売市場の各項目の定義（改正卸売市場法第二条）

⑴　**「生鮮食料品等」**――「野菜、果実、魚類、肉類等の生鮮食料品その他一般消費者が日常生活の用に供する食料品及び花きその他一般消費者の日常生活と密接な関係を有する農畜水産物で政令で定めるものをいう。」

**【解説】**「取扱品目の自由化」といわれる根拠は、卸売業者に対して部類ごとに許可を行っていた許可制が廃止されたことによる。

普段の食生活でお目にかかる食品はすべて卸売市場取扱品目になりうる、ということになる。ただし、取扱品目とすると、量、価格、その他の公表義務（改正卸売市場法第四条5の五）が適用となる。

⑵　**「卸売市場」**――卸売市場に出荷される生鮮食料品等の卸売のために開設される市場であって、卸売場、自動車駐車場その他の生鮮食料品等の取引及び荷さばきに必要な施設を設けて継続して開場されるものをいう。

**【解説】**この項の条文は、現行卸売市場法と寸分たがわず、同じ文である。この条文だと、卸売のために開設されるとなっているので、卸売市場内での卸売以外の行為、例えば小売はできないことになる。

(3)「**開設者**」——卸売市場を開設する者をいう。

【解説】この項は現行卸売市場法にはない。

(4)「**卸売業者**」——卸売市場に出荷される生鮮食料品等について、その出荷者から卸売のための販売の委託を受け、又は買い受けて、当該卸売市場において卸売をする業務を行う者をいう。

【解説】①卸売をする業務とされているので、業務用だけが取引対象ということになる。

②現行卸売市場法では、中央卸売市場は農林水産大臣が許可する制度であるので、第二節卸売業者等　第十五条（卸売業者の許可）から始まって、許可の申請、許可の基準、処分の手続、純資産額、純資産額の報告等、事業の譲渡し及び譲受け並びに合併及び分割、名称変更等の届出、許可の取り消し、卸売業者の保証金、事業報告書の提出、事業報告書の写しの備付け及び閲覧、そして第三十条帳簿の区分経理、まで延々と卸売業者に関する条項が続いている。改正卸売市場法では、これらの条項はすべて削除となった。

認定制になって、開設者が卸売業者に関する手続き条項を引き継ぐとなると、これらを業務規程等でどうするか、が課題となる。

(5)**仲卸業者**——卸売市場において卸売を受けた生鮮食料品等を当該卸売市場内の店舗において販売する者をいう。

【解説】改正卸売市場法では、仲卸業者の取引行為名について「販売」となっている。販売という字面からは、一般消費者に対する小売行為も可能な印象もあるが、前掲の卸売市場の定義で卸売市場は卸売に限定されており、仲卸業者は卸売市場の一員なので小売は想定していない。販売とした理由は、卸売業者が卸売と限定されているので、仲卸業者に同じ卸売ができるとすると、卸売業者との取引行為名の区別がつかなくなるので、「販売」とした、とされている。

## 2　基本方針（改正卸売市場法第三条）による規程

基本方針は、改正卸売市場法を受けて、その実行のための具体的考え方を示している。その骨子は以下のとおりである。

＊流通が多様化する中で、卸売市場は改正卸売市場法に基づき高い公共性の発揮を期待。
＊地方公共団体を始めとする開設者は地域住民からの生鮮食料品等の安定供給に対するニーズに応えることで高い公共性の発揮を期待。
＊卸売市場の施設を有効に活用する新規の取引参加者の参入を促す等、卸売市場の活性化を図る観点から、ルール設定を行う。
＊開設者の指導。取引参加者の遵守事項違反への対応、卸売業者の事業報告書等を通じての財務状況の確認。
＊開設者は指導監督に必要な人員の確保等を行う。
＊国及び都道府県は、開設者に対して報告徴収及び立ち入り検査を行い、指導等を通じて卸売市場の公正取引を確保。
＊その他取引ルールの各市場設定の項目例示
商物分離／第三者販売／直荷引き／自己買受け／地方卸売市場における受託拒否の禁止
＊開設者による指導監督、国・都道府県による立入り検査
＊施設整備の在り方
流通の合理化／品質管理及び衛生管理の高度化／情報通信技術その他の技術の利用／国内外の需要への対応／関連施設との有機的な連携／国による支援／災害時等の対応／食文化の維持及び発信／人材育成及び働き方改革

## 3　中央卸売市場の認定（改正卸売市場法第四条）

### (1)　中央卸売市場の具体的資格要件は省令で定める

省令第一条――その取扱品目が属する次の各号に掲げる生鮮食料品等の区分に応じ、その卸売場、仲卸売場及び倉庫（冷蔵庫・冷凍庫を含む）の面積の合計が、おおむねそれぞれの当該各号に定める面積（その取扱品目が当該各号の二以上の生鮮食料品等の区分に属する場合は、当該各号に定める面積のうち最も大きな面積以上であることとする。）

第一号野菜及び果実一万㎡、第二号生鮮水産物一万㎡、第三号肉類千五百㎡、第四号花き千五百㎡、第五号それ以外の生鮮食料品等千五百㎡

**【解説1】**（　）内の意味は、五種類ある区分（現行卸売市場法で部類といっているものに相当する）のうち、もっとも大きな面積の区分が中央卸売市場の基準をクリアしていれば、他の区分がクリアしていなくても、構成する全ての区分（「部類」）を中央卸売市場とすることができる、ということ。現行卸売市場法下での第八次・第九次卸売市場整備基本方針で、業績低迷等の中央卸売市場が、部類ごとに地方化などが指示されたことがあって、中央卸売市場の中で中央と地方が同居する事態となった。このような事態を避けることができる。というより避けるべきだと筆者は考える。

### (2)　中央卸売市場の開設者は属性を問わず民営でも可能に

この根拠は、現行卸売市場法第八条（開設の認可）で、「次の各号のいずれかに該当する地方公共団体は、農林水産大臣の認可を受けて、開設区域内において中央卸売市場を開設することができる。」として、都道府県又は政令で定める人口を有する……等の条件が課せられているが、この条文は削除となり、つまり地方公共団体への限定もなくなった。従って、属性の限定がなくなったので、民設卸売市場でも改正卸売市場法の農林水産省令

第一条に示す面積要件を満たせば、中央卸売市場になれるということになる。

改正卸売市場法に規定がないことは、設定されていない、ということである。現行卸売市場法に捉われてはいけない。

## 4　地方卸売市場の認定（改正卸売市場法第十三条）

中央卸売市場の認定（改正卸売市場法第四条）と主な異なる部分を掲載する。
①認定権者――卸売市場であって第5項各号に掲げる要件に適合しているものは、当該卸売市場の所在地を所管する都道府県知事の認定を受けて、地方卸売市場と称することができる。
②中央卸売市場の認定についての改正卸売市場法第四条第5項の五、遵守事項の五「受託拒否の禁止」がなく、遵守項目数が六項目である。

## 5　認定の取り消し

①中央卸売市場の場合
改正卸売市場法第八条（認定の失効）
一　当該中央卸売市場の業務の全部が廃止されたとき。
二　当該中央卸売市場について第十三条第1項の認定があったとき
⇩第十三条第1項――地方卸売市場の認定つまり中央卸売市場が地方化した場合

②地方卸売市場の場合
改正卸売市場法第十一条（認定の取消し）
一　中央卸売市場の面積基準に達しなくなったとき

## 6　業務規程（改正卸売市場法第四条第3項、4項、5項の一二三四）

認定申請書には、その申請に係る卸売市場の業務に関する規定（以下「業務規程」という）を添付しなければならない。

【業務規程の認定適合要件】
①申請書及び業務規程の内容が、基本方針に照らして適切であること。
②申請書及び業務規程の内容が、法令に違反しないこと。
③開設者は、取引参加者に対して不当に差別的取扱いをしないこと。
④卸売の数量及び価格その他の農林水産省令で定める事項を公表すること。
公表内容についての省令は中央卸売市場については第八条で次のことを定めている。
＊公表は開設者が定める時までに、インターネットの利用その他の適切な方法で行う。
＊取引前に、主要な品目の卸売予定数量、前日の主要な品目の卸売数量及び価格と併せて公表すること。
＊取引後に、主要仲卸売場品目の卸売の数量及び価格、売買取引の方法ごとに、価格を高値、中値（最も卸売の数量が多い価格をいう。ただし、個々の商品ごとに価格を決定する品目については、加重平均の価格をいう。）、安値に区分して行うこと。

地方卸売市場については、改正卸売市場法第十八条で、公表義務が、

＊その日の主要な品目の卸売予定数量
＊その日の主要な品目の卸売の数量及び価格
と、中央卸売市場に比べて簡素化されている。

## 7　業務規程に定めるべき遵守事項（改正卸売市場法第四条第5項の五）

⑴　**売買取引の原則**——取引参加者は、公正かつ効率的に売買取引を行うこと。

⑵　**差別的取扱いの禁止**——卸売業者は、出荷者又は仲卸業者その他の買受人に対して、不当に差別的取扱いをしないこと。

**【解説】 卸売業者の販売相手先が、仲卸業者・売買参加者優先から、全取引先（買受人）の同列化と変わった。**

現行卸売市場法第三十六条（差別的取扱いの禁止）では、「卸売業者は、……仲卸業者若しくは売買参加者に対して差別的取扱いをしてはならない」とされている。それが改正卸売市場法では、第四条（差別的取扱いの禁止）で、「卸売業者は、……仲卸業者その他の買受人に対して差別的取扱いをしてはならない」としている（傍線は筆者）。

条のタイトルは同じだが、卸売業者が差別してはならない対象が、現行卸売市場法では仲卸業者若しくは売買参加者、改正卸売市場法では仲卸業者その他の買受人となっている。

「仲卸業者その他」は買受人の例示であるので、例示を取れば、卸売業者は買受人に対して差別をしてはならない、ということになる。買受人は、卸売業者の第三者販売を含む全ての販売先を指すので、現行卸売市場法と改正卸売市場法では、卸売業者の差別的取扱い禁止の対象が異なることになる。現行卸売市場法では、仲卸業者と売買参加者を優先する原則なので、守らない場合は差別という概念が成立した。

現行卸売市場法第三十七条（販売の相手先の制限）として、「卸売業者は、中央卸売市場における卸売の業務については、仲卸業者及び売買参加者以外の者に対して卸売をしてはならない。」としており、仲卸業者・売買参加者を優先することを明記している。しかしその後で、「ただし当該卸売市場における入荷量が著しく多く残品を生ずるおそれがある場合……この限りではない。」としていて例外を認めている。

この例外部分が第三者で、残品が生じるなどの政令が認める条件下で卸売業者は卸売できるとなっている。改正卸売市場法では、仲卸業者・売買参加者は買受人の例示であるから、旧卸売市場法で第三者とされた部分は、仲卸業者・売買参加者と同列となる。これが卸売業者の取引先の規定として大きな変更である。

(3) **売買取引の方法**――卸売業者は、品目ごとのせり売又は入札の方法、相対による取引の方法その他の売買取引の方法として業務規程に定められた方法により、卸売をすること。

(4) **売買取引の条件の公表**――卸売業者は、農林水産省令で定めるところにより、その取扱品目その他売買取引の条件を公表すること。

(5) **受託拒否の禁止**――卸売業者は、その取扱品目に属する生鮮食料品等について当該卸売市場における卸売のための販売の委託の申込みがあった場合には、農林水産省令で定める正当な理由がある場合を除き、その引受けを阻まないこと。

【解説】この、受託拒否の禁止は、卸売市場の公共性（公的役割）の根幹をなす規定である。受託拒否の禁止の例外としての正当な理由については、省令で定められている。

○**受託拒否の正当な理由**（農林水産省令第六条）⇩七つの項目が規定されている。

これを簡略に紹介する。原文は本書付録に附してある三段表の省令第六条を参考にされたい。

①食品衛生上有害、②過去に残品となった生鮮食料品等と品質が同等、③施設の受け入れ能力を超える、④法令違反、公益に反するとしての行政機関の指示・命令、⑤卸売業者が公表した売買取引の条件に合わない、⑥当該卸売市場以外の取引、⑦暴力団関係の関与

(6) **決済の確保**

①取引参加者は、売買取引を行う場合における支払期日、支払方法その他の決済の方法として業務規程に定められた方法により、決済を行うこと。

②卸売業者は、事業報告書を作成し、開設者に提出するとともに、当該事業報告書について閲覧の申し出があった場合は、農林水産省令第七条第4項で定める正当な理由がある場合を除き、閲覧させること。

○**閲覧を断れる正当な理由**（正確な表現は、本書付録に添付した三段表を参照のこと）

①卸売業者に出荷する見込みがない者からの申出、②安定的な決済確保のための卸売業者の財務状況確認以外の目的、③同一の者から短期間に繰り返し閲覧の申出がなされた場合

(7) **売買取引の結果の公表**――卸売業者は、農林水産省令で定めるところにより、卸売の数量及び価格その他の売買取引の結果その他の公正な生鮮食料品等の取引の指標となるべき事項として農林水産省令で定めるものを定期的に公表すること。

（農林水産省令第八条に定める公表の詳細―正確な表現は本書付録にある三段表を参照のこと）

①その日の主要な品目の予定数量、主要産地、せり売入札・相対取引・「第三者販売」による区分、②その日の主要な品目の卸売の数量及び価格、価格は高値、中値、安値に区分、主要産地、せり売入札・相対取引・「第三者販売」による区分、③その月の前月の委託手数料の種類ごとの受領額及び奨励金等がある場合

にあってはその月の前月の奨励金等の種類ごとの交付額、④商物分離の売買取引内容

(8) **卸売市場が適正かつ健全な運営のための要件（改正卸売市場法第四条第5項九）**――卸売市場の適正かつ健全な運営に必要なものとして農林水産省令で定める要件に適合したものであること。

【農林水産省令第九条】

①開設者が当該卸売市場の業務の運営に必要な資金の確保。

②当該の全ての取扱品目について卸売業者が存在し、かつ、当該卸売業者が卸売の業務を適確に遂行できると見込まれること。

【解説】①については、この視点から認定権者が開設者の検査をするだろう。

②については、卸売市場に卸売業者が存在しなければならない、つまり必置機関であることの根拠である。開設者に卸売業者が卸売市場の必置機関として重要であることに鑑みての、卸売業者に対する財務状況、経営状況、取扱量の推移、その他卸売業者の活動について把握することが求められるし、認定権者もその視点で開設者に対して立ち入り検査・指導に望むとされている根拠でもある。

(9) **助成（改正卸売市場法第十六条）**

中央卸売市場の開設者であって食品等の流通の合理化及び取引の適正化に関する法律第五条第1項の認定を受けたものが……当該中央卸売市場の施設の整備を行う場合には、当該開設者に対し、予算の範囲内において、当該施設の整備に要する費用の十分の四以内を補助することができる。

(10) **罰則（改正卸売市場法第十八条）**

次の各号のいずれかに該当する者は、三十万円以下の罰金に処する。

①改正卸売市場法第四条第7項（農林水産大臣から中央卸売市場の認定を受けた）、第十三条第7項（都道府県知事から地方卸売市場の認定を受けた）以外の者が、中央卸売市場若しくは地方卸売市場又はこれらに紛らわしい名称を称した者

②改正卸売市場法第十二条（報告及び検査）の規定による報告・資料の提出をしない、虚偽の報告・資料の提出、検査の拒否・妨害・忌避

# 第四章　認定制卸売市場となって変わったこと

## 1　中央卸売市場、地方卸売市場と称するには認定手続きが必要

中央卸売市場については、改正卸売市場法第四条（中央卸売市場の認定）において、「卸売市場（その施設の規模が一定の規模以上であることその他の農林水産省令で定める基準に該当するものに限る。）であって、第5項の各号に掲げる要件に適合しているものは、農林水産大臣の認定を受けて、中央卸売市場と称することができる」、としている。地方卸売市場については、第十三条（地方卸売市場の認定）で、「卸売市場であって、第5項各号に掲げる要件に適合しているものは、都道府県知事の認定を受けて、地方卸売市場と称することができる」、としている。

つまり、中央卸売市場、地方卸売市場と称したいものは、中央卸売市場であれば認定申請書を農林水産大臣に、地方卸売市場であれば都道府県知事に提出し、同条第5号各号の規程に適合していれば、認定される。

第5項の各号を羅列すると（全文は付録三段表にある改正卸売市場法を参照）、基本方針に照らして適切／法令に違反しない／取引参加者に対して不当に差別的取扱いをしないこと／農林水産省令で定める事項の公表／遵守事項の遵守のため、取引参加者に対して指導、助言、報告及び検査、是正その他の措置をとることができること、などが規定されている。

単に卸売市場と称する場合は、認定申請はいらないということになる。

## 2　開設者がすべての卸売市場開設要件を決定することになった

改正卸売市場法に記されていないことは、法的には規制がないが、かといって自由ということではなく、開設者が提出する認定申請書類の記載事項に、記載内容が規定されている。記載内容は開設者が決めるということである。

改正卸売市場法第四条第2項に、申請書類に記載する内容が規定されている。内容を羅列すると、開設者の名称及び住所並びにその代表者の氏名／卸売市場の名称／卸売市場の位置及び面積並びに施設に関する事項／卸売市場の取扱品目並びに取扱品目ごとの取扱いの数量及び金額に関する事項／卸売市場の業務の運営体制に関する事項／卸売市場の業務の運営に必要な資金の確保に関する事項／卸売市場の卸売業者に関する事項／その他農林水産省令に定める事項、となっている。

現行卸売市場法では国又は都道府県の権限であった卸売業者の許可は、許可という行政行為の名称はともかく、開設者の決定となった。

### (1)　その他取引ルールの各市場設定について

同条第2項に、前項の認定を受けようとする開設者は、農林水産省令で定めるところにより、次に掲げる要件の中に、「四　卸売市場の取扱品目……に関する事項」、「五　卸売市場の業務の運営体制に関する事項」、「七　卸売市場の卸売業者に関する事項」などが、開設者の定める事項として入っている。また、同条第3項に、「申請書には業務規程を添付しなければならない。」とあり、第4項に「業務規定には、一　卸売市場の業務の方法、二　卸売業者、仲卸業者その他の卸売市場において売買取引を行う者（以下、取引参加者という。）が当該卸売市場における業務に関し遵守すべき事項」、第5項に、認定の申請があった場合に、次に掲げる要件に適合すると認めるときに、当該認定をする、とし、その要件として第四号に、「業務規程に、次に掲げる方法が定められていること（以下省略）」として「イ　卸売業者の生鮮食料品等の品目ごとのせり売又は入札の方法、相対による取引の方法その他の売買取引の方法、（ロは省略）」、としている。

さらに、同条第六号では、前号第五号に掲げる事項（遵守事項）以外の遵守事項を定める場合には、「イ　遵守事項の内容に反しないこと、ロ　取引参加者の意見を聴いて定められていること、ハ　公表されていること」という要件に適合していることが求められている。

基本方針には、第1の2で、「開設者は、法に基づき、取引参加者の意見を十分に聴いた上で、その他の取引ルールとして、次のような行為について遵守事項を定めることができる。」として、「ア　商物分離、イ　第三者販売、ウ　直荷引き、エ　自己買受け、オ　地方卸売市場における受託拒否の禁止」を上げている。

これら各市場設定の具体的項目については、後述する。

### (2)　卸売業者の決定について

改正卸売市場法の第四条（中央卸売市場の認定）、第十三条（地方卸売市場の認定）で、中央卸売市場、地方卸売市場と称する認定を受けようとする開設者が認定権者（それぞれ国又は都道府県）に認定申請書を提出する書類への記載事項の中に、「卸売業者に関する事項」というのがあり、これを開設者が記載することから、つまり、現行卸売市場法の中央卸売市場は第十五条、地方卸売市場は第五十八条で「卸売の業務を行おうとする者は、農林水産省令又は都道府県知事の許可を受けなければならない。」となっている卸売業者の決定権が、改正卸売市場法では開設者に移ったということになる。

## 3　開設者が卸売業者決定を行うことの考察

### (1)　開設者による卸売業者への指導監督

開設者が卸売業者の決定権を持つということは、開設者は、これまで以上に、卸売市場の集荷機構として必置機関であり、重要な機能である卸売業者について、関心を強めることが求められる。現行卸売市場法では、卸売業者への検査は、国又は都道府県が行っていたので、実質的にはその分、開設者の負担は軽減されていたと言えなくもない。

基本方針第1の3では次のように述べている。

開設者による指導監督（改正卸売市場法第四条第5項第三号ハ及び第七号並びに第十三条第5項第三号ハ及び第七号関係）

開設者は、取引参加者が遵守事項に違反した場合には、指導及び助言、是正の求め等の措置を講ずるとともに、卸売業者の事業報告書等を通じて卸売業者の財務の状況を定期的に確認する。

また、開設者は、卸売市場の業務を適正に運営するため、指導監督に必要な人員の確保等を行う、としている。

### (2)　経営状況のよくない卸売業者への措置

基本方針にある開設者の役割として、卸売業者の財務状況の定期的確認をする必要があるが、ただ確認するだけでなく、経営状況が不良であると判断したときは、経営改善の措置（行政行為名としては、命令、指示、勧告、指導その他いろいろあるが）を出すことも必要になる。しかしこれには会計の専門知識がいる。開設者で公認会計士を同席させたりしてアドバイスする開設者もあるが、卸売業者側の公認会計士と見解が違う場合もある。経営指標を見ての指摘はできるが、開設者としてはそれについて具体的なアドバイスをすることはできない。それは経営コンサルタントの分野であるし、アドバイスの結果について責任は持てない。従って、開設者による財務の確認等は必要ではあるが、限界がある。

一番問題なのは、いよいよ行き詰まって、出荷者への決済代金の支払いも危ない状況の時である。現行卸売市場法のときに国が業務停止命令を出すのは、緊急事態ということではなく、経営改善命令から始まって二年とか、時間がかかって業務停止命令まで行くということのようなので、急迫した事態に即応しての措置がとれるわけではない。まして開設者が、出荷者が損害を受けた時の責任を負えるわけがない。

原則としては、この部分はあくまでも卸売業者の自己責任の部分であるし、もし破綻した場合には、会社整理のやり方に従うということになる。ただし、開設者にとって、卸売業者を適格として入場を認めた責任というのはあるといえるが、それがどこまでの責任か、については、後述する、開設者による卸売業者の決定方法として、どのような行政行為を採用するか、どのような違いが出るのか出ないのか、公設卸売市場においては開設自治体にいる法務担当がどのような判断をするかによるようである。この判断は、行政行為の種類を決める際の大きな判断要素となろう。

## 4　開設者による卸売業者決定の行政行為の種類について

卸売業者については、中央卸売市場は改正卸売市場法第四条（中央卸売市場の認定）第2項の七に、「卸売市場の卸売業者に関する事項」とあり、卸売市場の必置機関であることが示されている。しっかりした集荷力を持つ卸売業者がいなければ、卸売市場の機能は十分に果たせない。その卸売業者をどう選定・決定するか、ということが開設者にとって非常に重要なことである。

なお、開設者＝卸売業者である卸売市場については同一人格で、お互いに認め合う関係ではないので考察外とする。

名簿登載する前提として、開設者は卸売業者を入場企業として認める（決定する）手続きをする際に、どのような行政行為名とするのか。各開設者の判断となる。

考えられる行政行為は、業務許可、認定、施設使用許可などであろう。この比較検討について、以下に述べる。なお、認可というのは、第三者による補充行為が必要という定義なので、卸売業者の入場を認めるのにそのような行為はないので、除外される。

**(1) 許可（業務許可）** ⇩現行卸売市場法と同じ。許可権者が国・都道府県から開設者に移っただけである。開設者による卸売業者に対する検査を厳しくして、経営改善命令、業務停止命令など、国が行っているレベルのことをしようとすると許可ということになる。

【許可とすることの問題点】

①経営改善命令や業務停止命令というような厳しい措置は、出荷者に対する卸売市場の信頼性を考えれば支持できるものであるが、国の検査体制のような能力・体制を開設自治体がとれるかどうかが課題である。経営改善に関する行政的措置（命令、指示、勧告、などいろいろあろうが、命令というような強い言い方は開設者が行うものとしてはどうかと考える。）などは、改善措置をまとめればクリアできるので可能としても、国が現行卸売市場法での検査で行うことができる業務停止というような厳しい措置（実際にはほとんど適用がない「伝家の宝刀」だが）は、開設者には難しいのではないか。業務許可の対置語は、業務許可取り消しとなる。

②「国が許認可を止めたということを考えると、開設者が卸売業者を決定する行政行為名を許可とするのはどうか。」という意見もある。

卸売業者が、キャッシュフローが突然回らなくなって、あすにも出荷者への代金支払いが不能となりそうだ、などの急迫事態に開設者はどう対応できるか。毎日のキャッシュフローを監視しているわけではないし、決済できないという急迫した状況の把握は、卸売業者当事者しかわからないピンポイントのタイミングで業務停止をさせることは不可能に近い。そこまでの責任は、開設者は負えないはずで、もし念のためというなら、どこかに文にしておくことが必要かどうか。

なお、実際には、卸売業者の経営が行き詰まったケースでは、ほとんどの場合、卸売業者は自主廃業をするので、そんなに深読みする必要がないのかもしれない。

(2) **認定**⇩認定とするときの考え方としては、次のような論理が考えられる。

①現行卸売市場法が、卸売業務の許可・施設使用（指定）という枠組みになっていることから、改正卸売市場法でも、卸売業務に関することと自治法上の施設使用に関することに分けた方が理解しやすい。

②行政が卸売市場を開設することから、卸売業務に対して行政が求める公共性等の確認が必要であり、卸売業務に対する認定をする必要がある。

③開設者の関与については、これまでどおり財務検査中心の検査等を実施することとし、卸売業者と出荷者間の民民の取引から生じた争いについては、自治体は直接関与すべきものではなく、当事者間で処理するものであると考える。開設者は、この場合に、当事者間にまかせるだけでいいのかどうか、は議論の余地がある（⇩いわゆる「不作為行為」）。

④これらについては、開設自治体においては法務担当の判断も重要な要素になる。

(3) **施設使用許可**⇩業務そのものは基本的には卸売業者の任務とし、開設者は業務に必要な施設使用許可とし、それに卸売市場の公共性による制約条件（遵守事項、業務規定による制約）を課して、これに違反すれば、相応の措置をするという考え方である。

具体的には、業務規定に、経営悪化の時の措置、さらには出荷者に対して決済代金の支払いが困難という急迫した事態に直面したときは、卸売業者としての責任ある判断（決断）をする責務を負わせる、それに違反したら施設使用許可を取り消す、という内容を入れておくと、急迫事態の時には、果断適切な判断をするのではないか、ということも入る。

実際に、経営が行き詰まったときに、自主的に級廃業する卸売業者がほとんどであると思うが、事故が起きた例もある。

## 5　卸売業者に対する財政状況把握

基本方針の第1の3の(1)で、「卸売業者の事業報告書等を通じて卸売業者の財務の状況を定期的に確認する。また、開設者は、卸売市場の業務を適正に運営するため、指導監督に必要な人員の確保等を行う」としている。

国・都道府県は現行卸売市場法で許可した卸売業者について立ち入り検査をしてきた。これは許可者が適格性をフォローする責任があるからである。認定制では、開設者が卸売業者を認めたわけであるから、それが適格性を保っているかどうか、卸売業者の財務状況を定期的に確認するとともに、指導監督を行うことを規定している。指導監督となると、提出書類を見るだけでは足りず、検査も必要になる。そのために、人員の確保等まで言及されている。

筆者が各地の卸売市場にヒアリングした中では、現行卸売市場法下で、国は卸売業者に当然ながら結構な頻度で立ち入り検査をしていて、検査も厳しい。しかし、地方卸売市場を担当する都道府県では、卸売業者の検査については濃淡さまざまで、ひどいところは一回も来たことがない、という卸売業者もいる。また、開設自治体による卸売業者への立ち入り検査を実施したことがない公設卸売市場が意外に多い。なかにはやり方がわからないと答えた市場もある。

こんな状態で、まともな有効な検査ができるだろうか。いみじくも基本方針では、それを心配して、「指導監督に必要な人員の確保等」とわざわざ書いている。全く卸売市場に関係ない部署から異動してきて2年程度で転出するというような人事異動をしていては、専門性が身につかない。これらも見直さなければならないだろう。

問題なのは、開設者が事業報告を点検したり、検査に入って卸売業者の深刻な財務状況を把握したときである。国は、そのような場合、経営改善命令を出すことは度々あるし、業務停止命令も伝家の宝刀として備えていた。現行卸売市場法では卸売業者の検査は国・都道府県が実施していて、開設者自身がやらなくても済んだので、多少気楽というか他人事という感覚もあったかもしれないし、卸売業者として認めたこと（許可）による責任は開設者には来なかったのだが、新制度では、これらが開設者に来ることになる。

認定制卸売市場となって、開設者としてはもっとも頭を切り換えなければならないことであろう。

○基本方針第1の3「卸売市場における指導監督」再掲

開設者は、取引参加者（卸売業者、仲卸業者その他の買受人全部）が遵守事項に違反した場合には、指導及び助言、是正の求め等の措置を講ずるとともに、卸売業者の事業報告書等を通じて卸売業者の財務の状況を定期的に確認する。

また、開設者は、卸売市場の業務を適正に運営するため、指導監督に必要な人員の確保等を行う。

認定制により、開設者は自ら設定した卸売市場の構成について全責任を負う体制をつくれということである。

## 6　公設卸売市場等の開設者における遵守事項監視機能

遵守事項を取引参加者が守っているかどうかの監視（監視で強ければ「見守り」）は改正卸売市場法第四章第5項の五に規定する七項目について必要だが、このうち、「一　売買取引の原則」は、具体的でないので別とすれば、「三　売買取引の方法」、「四　売買取引の条件の公表」、「六　決済の確保」は、一度公表すれば、しょっちゅう変わるものではないので、一度公表を確認すれば毎日の点検は必要ない。「七　売買取引の結果等の公表」は、毎日のことなので、公表を確認する担当をおいて、確認の記録を作っておくと、認定権者が立ち入り検査にきたときに信頼度が高い。

問題は、「二　差別的取扱いの禁止」と「五　受託拒否の禁止」で、特に受託拒否の禁止は、書類などから証拠を見つけることがむずかしい。受託拒否は、出荷者が卸売市場に荷を持ってきたときに、卸売業者の社員がそれをなんらかの正当な理由（※）ではなく、不当な理由で受託を拒否して受理しなかったときに発生する。拒否したのであるから、当然、販売原票は存在せず、出荷票も残っていない。開設者部門の担当者が調べようがないのである。

唯一できるのは、受託拒否や差別的取扱いなどの被害を受けたと感じる者からの訴えがあった場合の受付窓口をつくっておくことであろう。もし訴えがあった場合は、対象となる卸売業者に調査を行い、結果をまとめて必要な措置を行うとともに、必要があれば、認定権者に報告するという体制が望ましい。

※なお、受託を拒否できる正当な理由は次のとおりである。正当な理由で受託拒否をした場合でも、きちんと記録をし、会社幹部に報告しておく必要がある。

**【受託を拒否できる正当な理由（農林水産省令第六条）】**

一　食品衛生上有害である場合

二　当該卸売市場において過去に全て残品となり販売に至らなかった生鮮食料品等と品質が同等であると開設者が認める場合

三　卸売場、施設倉庫その他の卸売業者が当該卸売市場における卸売の業務のために使用する施設の受入能力を超える場合

四　法令に違反し、若しくは公益に反する疑いがある場合又は販売を制限する行政機関の指示若しくは命令があった場合
五　卸売業者が公表した売買取引の条件に基づかない場合
六　当該卸売市場以外の場所における売買取引の残品の出荷であることが明白な場合
七　販売の委託の申込みが次に掲げる者から行われたものである場合
イ　暴力団員による不当な行為の防止等に関する法律に規定する法律第二条第六号に規定する暴力団員又は同号に規定する暴力団員でなくなった日から五年を経過しない者
ロ　暴力団員等をその業務に従事させ、又はその業務の補助者として使用する者
ハ　暴力団員等がその事業活動を支配する者

## 7　卸売業者における遵守事項監視機能

卸売業者においても、社内的に遵守事項のチェック機能を設置することが望ましい。社員数に余裕がない場合は、担当者ひとりの数分の一の事務量でもよい。

開設者と同じような、公表状況のチェックと、受託拒否、差別的取扱いの訴え窓口をつくることである。

差別的取扱いについても、どう差別したのかにもよるが、販売原票からそれを見つけるのは容易ではない。例えば、特定の買受人だけが、いつも正当な理由なく安い価格で仕切られているのを見つけるには、そういううわさがあるのを聞きつけて狙い撃ちをすれば、発覚する場合はあるだろうが、そう簡単ではない。

ただし、これについては、販売原票が電子化され、コンピューターソフトで自動的に不自然な取引の疑いがあるものをピックアップすることができれば、不可能ではない。

つまり、正当な理由のない受託拒否も差別的取扱いも証拠で見つけるのは容易ではないが、その行為を行った被害者と加害者どうしは知っているわけだから、被害を受けたとする者が、それを訴え出る窓口をつくることは有効である。もしこのような訴えがあったときは、その内容と調査結果、それによる処置の結果を記録し、認定権者に届け出ることを制度化することが求められる。これは、社内的に法令遵守というコンプライアンス機能の設置とも言え、卸売業者（会社）の信頼向上にも資することになる。

公設卸売市場、開設者＝卸売業者である民設、開設者＝卸売業者でない民設・第三セクター市場を問わず、遵守事項は以下のとおりである。

**【中央卸売市場】改正卸売市場法第四条（中央卸売市場の認定）第５項の五**

一　売買取引の原則――取引参加者は、公正かつ効率的に売買取引を行うこと。

二　差別的取扱いの禁止――卸売業者は、出荷者又は仲卸業者その他の買受人に対して、不当に差別的な取扱いをしないこと。

三　売買取引の方法――卸売業者は、卸売業者の生鮮食料品等の品目ごとのせり売又は入札の方法、相対による取引の方法その他の売買取引の方法として業務規程に定められた方法により、卸売をすること。

四　売買取引の条件の公表――卸売業者は、農林水産省令で定めるところにより、その取扱品目その他売買取引の条件（売買取引に係る金銭の収受に関する条件を含む。）を公表すること。

五　受託拒否の禁止――卸売業者は、その取扱品目に属する生鮮食料品等について当該卸売市場における卸売のための販売の委託の申込みがあった場合には、農林水産省令で定める正当な理由がある場合を除き、その引受けを阻まないこと。

六　決済の確保

㈠　取引参加者は、取引参加者が売買取引を行う場合における支払い期日、支払い方法その他の決済の方法として業務規程に定められた方法により、決済を行うこと。

(二)　卸売業者は、農林水産省令で定めるところにより、事業報告書を作成し、これを開設者に提出するとともに、当該事業報告書（出荷者が安定的な決済を確保するために必要な財務に関する情報として農林水産省令で定めるものが記載された部分に限る。）について閲覧の申出があった場合には、農林水産省令で定める正当な理由がある場合を除き、これを閲覧させること。

七　売買取引の結果等の公表――卸売業者は、農林水産省令で定めるところにより、卸売の数量及び価格その他の売買取引の結果（売買取引に係る金銭の収受の状況を含む。）その他の公正な生鮮食料品等の取引の指標となるべき事項として農林水産省令で定めるものを定期的に公表すること。

※農林水産省令とある部分は、本書付録の三段表で確認していただきたい。

**【地方卸売市場】改正卸売市場法第十三条第5項の五**

上記、中央卸売市場に対する規定と比較すると、中央卸売市場にある五（受託拒否の禁止）がないだけで、後の一、二、三、五、六、七の6項目は、文面も全く同じである。つまり、地方卸売市場では、四すなわち受託拒否の禁止がないことになる。なお、受託拒否の禁止は各市場設定で復活することができる。基本方針にその旨が記載されている。⇩本書付録の基本方針参照。

開設者部署の役割は、①上記の遵守事項を守っているかどうかのチェック、②財務の状況の確認、ということになる。

①については、一、三、四、六、七については、そのチェックを社内的に行うことになるが、二（差別的取扱いの禁止）、五（受託拒否の禁止）については、書類上の証拠が残るとは思えないので、被害を受けたと思う者からの訴えでしかほとんどの場合、わからないと思う。そのため、開設者部署に、被害訴えを受ける機能を持たせることで、責任を果たすという考えがよいと思う。

## 8　開設者＝卸売業者である民設卸売市場における開設者部門

民設卸売市場においては、ほとんどが開設者＝卸売業者であり、改正卸売市場法では、国・都道府県が開設者に対して立ち入り検査をすることになっている。筆者に、ある民設卸売市場（現行卸売市場法では、民設であるから当然、地方卸売市場。改正卸売市場法では、規模次第で中央卸売市場になることができる）から相談があった。開設者と卸売業者名は㈱〇〇であり、卸売市場名は、〇〇地方卸売市場である。当然、㈱〇〇が土地の確保、建物の建設を行っている。それについて立地する△△県の県庁担当者から、「開設者部門を独立させたらどうか。」といわれたがどうしたらいいか、というものである。

独立・分けるというのをどの程度のものか、が問題となってくる。社長は、「㈱〇〇の社内で開設者部門をつくり、そこで開設者の手続をするようになるのかな」、と首をかしげながらおっしゃっているが、当然、開設者機能部門を独立した別会社として、それを開設者とするということではないだろう。

ちなみに、財団法人「食品流通構造促進機構（現：食品等流通合理化促進機構）」が平成二十五（二〇一三）年に発行した（これが最新）「全国卸売市場総覧」によると、『市場名――〇〇地方卸売市場、開設者名――卸売業者名に同じ、となっていて、卸売業者の名称欄に㈱〇〇』とある。つまり、開設者名というのは、オーナーである卸売業者名で、卸売市場の名称は、ただ卸売市場名ということだけである。

認定申請も新制度でも地方卸売市場で行うようであるから、県にして見ると、新制度では検査対象は開設者と言うことなので、どこが〇〇社の開設者としての窓口か、というとまどいにもなる。それでそのような発言になったのだろう。

開設者＝卸売業者である卸売市場といえども、改正卸売市場法による卸売市場の条件である七項目（地方卸売市場は六項目）の遵守事項をきちんと守る必要があるし、それは県が確認に来ることになる。そうすると、遵守事項を守っているかを把握する部署が社内に必要になる。ちょうど、法令違反や産地偽装防止などのためのコンプライアンス部署を社内に設けているのと、性格がよく似ている。こう考えるとわかりやすいのではないか。

さらに、遵守事項のうち、受託拒否の禁止と差別的取扱いの禁止については、被害を受けたとする者からの訴えの受付窓口をつくり、事実関係を調べて、その結果による適切な措置を講じて、認定権者に報告するというシステムを制度化するよいということは、前項と同じである。

## 9　全方位型の卸売市場機能を目指す

ここで各卸売市場において、経営展望・戦略、業務規程、各市場設定などで、卸売市場としての基本理念として、**全方位型の卸売市場機能**を目指すことを提案したい。

基本方針の第1の1「卸売市場の位置付け」で、「卸売市場は……食品等の流通の核として国民に安定的に生鮮食料品等を供給する役割を果たすことが期待される。」としている。この期待に応えるためには、わが国のあらゆる流通チャンネルに供給する能力を目指す、つまり全方位型流通を目指す、という目標を立てることが望ましい。

つまり、卸売業者、仲卸業者、売買参加者、一般買受人がそれぞれ担う部分を調整し、より広い供給圏を獲得していく戦略を、それぞれの立場から描いていく取組である。

これは、従来のしくみ、業種を前提として考えるのではなく、より流動的にかつ包括的な改革につながり、卸売市場の変貌による発展に繋がると信じる。

## 10　申請外施設について

中央卸売市場又は地方卸売市場の開設について認定申請書類に記載する必要がない施設を「申請外施設」とい

う。実は筆者はこれを、最近まで「施設自由化」と読んでいたが、自由というのは正確ではなく、法令等のいろいろな制約はあるので、改正卸売市場法の言い方に沿った言い方として、「開設者が国又は都道府県の認定を受けないで設置することができる施設」、つまり、認定申請書に記載する必要がない施設ということで、「申請外施設」と呼ぶことにしたものである。

### (1) 申請外施設の関係法令

改正卸売市場法第二条（定義）の「卸売市場」に、「「卸売市場」とは、生鮮食料品等の取引及び荷さばきに必要な施設を設けて継続して開場されるものをいう。」とある。

中央卸売市場については、改正卸売市場法第四条第2項の三に、中央卸売市場開設の認定を受けようとする開設者が申請書に記載する事項の中に「卸売市場の位置及び面積並びに施設に関する事項」とあり、省令第二条（中央卸売市場の申請）の中に、「第3項の二　卸売市場の施設の配置図」とある。

地方卸売市場については、改正卸売市場法第十三条第2項の三に、中央卸売市場と同文の規程がある。

### (2) 考察

申請書に記載する事項の「卸売市場の……施設に関する事項」でいう施設とは、卸売市場の施設ということであり、それは、第二条で定義する卸売市場の卸売機能に関する施設ということになる。つまり、開設申請書に記載する必要がある施設は、卸売市場機能関連施設ということになり、それ以外の施設が敷地内にあったとしても、それは記載する必要がない、と解することができる。⇩これを「申請外施設」という。

### (3) 土地との位置関係

卸売市場と申請外施設を分ければ問題ないと思うが、土地が混在するケース、同じ施設の中で混在するケースも可能である。また、混在にしても、卸売市場と申請外施設を上下に階を分ける形でもよい。

### (4) 申請外施設の応用

申請外施設がこのように柔軟だと、応用性は広い。もっとも現行卸売市場法下でもそれはできるらしいが（公共施設における他目的の施設との併設が認められている）、これまではあまり発想がなかった。しかし、申請外施設として位置づけられると、この応用性の広さはすばらしく、いろいろなアイデアが浮かんで来る。

例えば、小売、レストラン機能などで、幅広い集客による効果が期待できる。それによる利益を卸売市場運営の安定化、活性化に活用することができる。

大規模ショッピング機能との併設。平面的な用地分けもあるが、法制、制度も含めて可能であれば、一階を卸売市場、二階以上を商業施設などの集合体とすることができれば、街づくりへの大きな貢献ができる。

一階を卸売市場、二階以上を福祉施設や医療施設など、それらの複合なども時代の要請である。

さらに、豊島区役所方式といって、下層10階までを区役所や区議会施設、その上をマンションにしてその売上げを原資として行政施設をつくったというのは、究極の卸売市場建設アイデアである。

# 第五章　その他取引ルール各市場設定の参考的考察

その他取引ルールの各市場設定は、流通事情の多様化と地域差が大きくなったことから、全国一律での規程ではなく、各卸売市場で設定するというのが、改正卸売市場法の特徴である。

これについては、各市場設定にあたっては、基本方針第1の2で、「開設者は、法に基づき、取引参加者の意見を十分に聴いた上で、その他取引ルールとして、商物分離、第三者販売、直荷引き、自己買受け、地方卸売市場における受託拒否の禁止、などの行為について受託拒否の禁止を定めることができる。」としている。

実際には、改正卸売市場法の内容を理解していないと、取引参加者の意見を聴くといっても討議がかみあわない恐れがあるのが、筆者が本書の刊行を思い至ったきっかけであるが、各市場設定の項目は、関係者間で意見対立があるものもあり、また、筆者としてかねてから各市場設定に入れて欲しいと思う事項もあるので、これらについて、筆者の思いを羅列した内容となっている。これでやって欲しいとひとつの結論を押しつけることは、改正卸売市場法の精神である、各卸売市場の状況に応じて、取引参加者の意見を十分に聴いて決めて欲しいという趣旨に反するので、あくまで参考になる材料提供という姿勢で記述することとする。筆者の思いもこめられているることはご容赦いただきたい。筆者に対するお問い合わせがあれば、卸売市場政策研究所のホームページからメールアドレスを検索して、連絡していただきたい。

### 1　改正卸売市場法で法的に規定され各市場設定で変更できない項目

**（法を超える業務規程はつくれない原則⇩改正卸売市場法第四条第5項九参照）**

**＊法令による遵守項目**

各市場設定に関係するのは、なかでも**受託拒否の禁止と差別的取扱いの禁止**。

### 2　各市場設定の項目とするのになじまないと考えられる項目

**＊取扱品目の自由化と部類制**（事態が流動的であり、企業活動で活発な動きが予想され、フォロー困難。部類制も取扱品目の自由化で仕分けが難しくなるし、変化も激しい。規制により競争に遅れる恐れもある）

### 3　現行卸売市場法で条文削除された取引関係等の項目

開設区域の設定（現行卸売市場法第七条）／中央卸売市場開設運営協議会（現行卸売市場法第十三条）／市場取引委員会（現行卸売市場法第十三条の二）／開設者の地位の継承（現行卸売市場法第十三条の三）／卸売業者の許可（現行卸売市場法第十五条）／卸売業者の純資産の規定（現行卸売市場法第十九条）／卸売業者の事業譲渡等の規定（現行法第二十一条）／卸売業者の開設者への保証金（現行卸売市場法第二十六条）／仲卸業者の許可（現行卸売市場法第三十三条）／売買参加者の扱いについて（現行法第三十六条）／売買取引についての規定（現行法第三十四条）／差別的取扱いの禁止の内容の変更（現行法第三十六条）／卸売の相手方の制限――いわゆる第三者販売の規制（現行卸売市場法第三十七条）／商物分離の制限（現行卸売市場法三十九条）／受託契約約款（現行卸売市場法第四十二条）／せり人の登録（現行卸売市場法第四十三条）／直荷引きの制限（現行卸売市

場法第四十四条二）／卸売業務の代行（現行卸売市場法第五十二条）

## 4　法的には改正卸売市場法及び現行卸売市場法とも言及がないが各卸売市場設定で入れて欲しいという意見が筆者に来ている項目

(1)　卸売市場が24時間型になり、暦上の1日と違う区分になっていることの是正
(2)　現状に合わない、ないしは障害となっている既得権益の打破

## 5　各卸売市場設定で設定しなかった事項の扱い

各卸売市場設定は、二〇二〇年六月二十一日に認定制卸売市場に移行してから必要になる。その時点では現行卸売市場法は無効になっているので、そこの規定で削除になって後のフォローがない項目は廃止、それを各卸売市場設定で規定していなければ何の制限もない、つまり自由化ということになる。自由化ということは、各市場設定になにも書かれないということであるが、それで不都合が出たり、各市場設定で規程した項目についても、実施してみて不都合が出たりした場合には、後から各卸売市場設定に変更・追加し、変更の認定申請をすればよい。

## 6　考察の前に改正卸売市場法による買受人・売買参加者の定義の解釈

改正卸売市場法第四条第5項五（差別的取扱いの禁止）の記述が、現行卸売市場法第三十六条、第三十七条の規定とは異なり、買受人すべてが差別的取扱いの禁止の対象となったことで、卸売業者の販売先については全て

対等の扱いとなった。

買受人とは卸売業者の取引先（卸売先）すべてを指す。その買受人のうち、仲卸業者は改正卸売市場法第二条（定義）で「卸売市場内の店舗で販売をする業者」という位置づけがある。一方、売買参加者という区分は改正卸売市場法にはない（現行卸売市場法にはあったが削除された）。しかしながら、今の売買参加者でセリ・入札参加資格を持つ者は多い。その存在を無視するわけにはいかない。

つまり、セリ参加資格の有無その他、現在の位置づけによる区別が必要ということになる。そこで筆者は、買受人＝仲卸業者＋売買参加者（セリ・入札参加資格を有するその他の位置づけを持つ買受人）＋それ以外の買受人（一般買受人）と分類してみた。なお、それ以外の買受人については、現行卸売市場法では第三者と呼ばれているものであり、基本方針にもその言葉が出てくることから一種の市民権はあると考えるので、筆者としては、「一般買受人（第三者）」、取引行為は、「一般販売（第三者販売）」と呼称することを提案する。もちろん、各市場設定でどのような用語とするかは、各卸売市場における判断である。筆者の思いとしては、「一般買受人」、「一般販売」としたいところであるが。

売買参加者の位置づけ・定義は各市場設定で入れる必要がある。地元スーパーも売買参加者になっている卸売市場もある。このような卸売市場では、卸売業者による「第三者販売」は存在しないという。このように、卸売市場によって事情はまちまちである。売買参加者の定義は、各卸売市場の状況で柔軟に決めればよいと考える。

## 7　開設区域の廃止と復活について

中央卸売市場における開設区域の設定条文（現行卸売市場法第七条）は改正卸売市場法ではない。その理由は「現実との乖離」とされ、それは多くの場合、事実である。しかし、開設者が認定申請書に記載することで設定することはできる。

公設卸売市場で開設区域の設定をなくすると、その自治体の守備範囲が不明確になり、予算根拠がなくなると懸念する自治体も多い。各市場設定では、現行卸売市場法の規程まで復活することができるので、開設区域を設定することはできる。

これについて筆者の考えでは、受託拒否の禁止規定改正卸売市場法にある以上、開設区域との乖離の恐れは常にあるので、説明が困難で復活すべきでないと思う。その理由は、開設区域というのは、開設する自治体の範囲が基本となっているので、その地域の人口を基礎とした卸売市場の規模が設定されている。実際の取扱規模がそれに合っていればいいが、入場企業の営業努力で、より広い範囲での供給圏となっていると、そこまで当該自治体の公金でまかなうのはいかがか、とか、その逆だと公金を投じる必要性があるのか、などといわれる可能性がある。多く入っている場合には、受託拒否の禁止との関係で、この辺で入荷ストップというわけにはいかない。

しかし、公設卸売市場では、開設する自治体の開設必要性の説明根拠が欲しい。つまり、開設区域に代わる論理を各市場設定に入れられればよい。

## 8　開設区域に代わる考え方の提案＝地域住民への安定供給確保原則

公設卸売市場で開設区域の設定をなくすると、その自治体の守備範囲が不明確になり、予算根拠がなくなると懸念する自治体も多い。なお、民設卸売市場では自治体の公金を元にしている場合以外は、開設区域という考え方が元々必要がない。

開設区域は各市場設定で復活できるが、実態との乖離は避けられず、受託拒否の禁止とも矛盾する（開設区域の「開設者が開設区域の需要量で入荷を止めることができない）ので、復活するべきではない。

それに代わる説明として、公設卸売市場や第三セクター卸売市場（自治体も関与しているので）などでは、自治体の地域住民への安定供給確保原則を各市場設定に入れることを提案する。民設卸売市場でも、その卸売市場の方針として入れるのはもちろんありえる。その原則を具現化していくのが卸売市場の取引参加者すなわち各構成員の役割である。

地元に産地がある卸売市場、地方都市の卸売市場、大都市にある大型集散市場、大型卸売市場の近くにある卸売市場、その他、卸売市場が置かれた条件は様々なので、地域住民への安定供給確保というのを、どう具現化していくか、それ以外の商行為とどう調整をつけるか、また、地域住民への安定供給確保とはちょっと違うが、地域住民に親しまれる卸売市場の取組として、基本方針にも記されているが、市場まつりなど、卸売市場と触れあう機能をどう充実させていくか、など、これからの卸売市場を目指してのイメージづくりは重要である。その中での、地域住民への食事や商品提供なども、関係者と十分話し合って、新しい卸売市場像をつくっていて欲しい。基本方針第2の1の⑸にはこう記されている。「主として生鮮食料品等の卸売を行う卸売市場の役割を基本としつつ、関係者間の調整を行った上で、卸売市場外で取引される食品等を含めて効率的に輸送する、既に市場まつり等の助成もなされているが、卸売市場の役割に支障を及ぼさない範囲で施設を有効に活用する、卸売市場から原材料を供給して加工食品を製造する等、卸売市場の機能を一層有効に発揮できるよう、卸売市場の内外において関連施設の整備に取り組む。」

これらも総合して、新しい近代的で親しまれる卸売市場が作られていくことを期待している。

## 9　公設制における当該卸売市場への貢献度という概念の導入

民設卸売市場では、仲卸業者の許可はオーナー開設者である卸売業者（通常は一社）の権限である。この場合は、入場した仲卸業者は、卸売業者の了解なく、かってに直荷引きをすることは難しい。卸売業者も、入場している仲卸業者を無視しての供給はあまりしないだろう。

公設卸売市場では、その卸売市場を支える義務を入場企業全員が負わないと、仲卸の取扱いが減る（卸売業者の一般販売（第三者販売）が多いとき）、卸売業者の取扱いが減る（仲卸の直荷引きが多いとき）などが起きる。お互いが対立している卸売市場もある。

そのような状態は卸売市場の衰退化を招き、自治体が卸売市場を開設した意義にも影響するので好ましくない。そこで卸売市場への貢献度の概念を導入する案がある。貢献度比率を取引総額の内の当該卸売市場での取引金額が占める割合を、一応五割とするが、七割を考えている卸売市場もある。

## 10　仲卸業者の手続き

仲卸業者の取引先は卸売業者である。民対民の取引は、お互いに取引契約を交わすことが前提で、その裏には与信管理がある。現行卸売市場法では、仲卸業者の許可権は開設者にある。卸売業者が事前にその仲卸業者との取引を了解しているならいいが、そうでないと、事前了解していない相手との取引の強要という言い方も可能になり、仲卸業者からの代金未納の場合に卸売業者から開設者に請求が来る可能性もありうるかもしれない（前例はまだないと思うが）。

仲卸業者の支払い能力が不足していて、しかも代払いシステムとなっていない卸売市場・部類では、現に大きな額が仲卸業者から卸売業者へ未払いとなっている例も起きている。このようなことでは、卸売業者の経営も安定せず、ひいては卸売市場の安定にも影響しかねない。このような事態の対策については、真剣に考えなければならない。

また、現在では代払いシステム（代払い組合など）で卸売業者としては安心感が高いシステムであっても、購入した組合員業者の支払いが滞るようになれば、システムは崩壊する（⇩ある中央卸売市場で、組合員が倒産して、組合が代払いで卸売業者に支払った代金を組合員から回収できなくなり、結局、その穴埋めを組合役員がかぶったということがあった。）。卸売業者にとって、売掛金未払いで損金処理というのが多発すれば、卸売業者は窮地に立つことになる。その防止策は、民対民の原則に帰ることとである。

そうすると、卸売業者と仲卸業者の取引契約、事前了解を前提とすることとなるが、それが成立すれば取引相手が確定するので、それ以上、開設者による業務許可は屋上屋になるのでいらないということになるので、開設者は業務許可はせずに、施設の使用許可だけでよいことにできるのではないかという考え方がある。

施設使用許可は、卸売業者と仲卸業者の取引契約、又は取引了解が前提なので、それが解消されると仲卸業者の資格を失い施設使用許可も取り消さなければならない、と言う理屈になる。

ただし、認定制移行時においては、いま入場している仲卸業者については、この方式により立場が不安定になることは混乱を招く恐れがあるので、移行措置として認定申請に伴う仲卸業者の決定については、原則としてできるだけ現状を尊重する考えで、開設者が関与することも必要であろう。その後については、新規に認める売買参加者は、基本的に卸売業者との合意という原則とするのが適切ではないだろうか。こうすれば、基本方針第1の1にあるその他取引ルールを定める場合の中で、「その他取引ルールを定める場合には、……取引参加者の意見を偏りなく十分に聴き、……卸売市場の施設を有効に活用する新規の取引参加者の参入を促す等、……卸売市場の活性化を図る……」とある新規参入の一方法になるだろう。

この方式だと、仲卸業者の資格は卸売業者との間で完結するので、開設者は仲卸業者に対して業務許可をする必要がなく、取引合意成立を前提とする仲卸店舗の使用許可だけでよい理屈になる。仲卸業者の代金決済に関する取り決めは卸売業者との間で交わされるはずで、もし決済の事故があっても、両者間で処理されるということになる。

開設者による仲卸業者の業務の認め方を、卸売業者との取引承諾関係を前提としての施設使用許可とした場合は、施設の使用許可を出し、使用料を徴収する関係で、取引承諾関係の届け出を開設者に提出する必要がある。

## 11　売買参加者の手続き

売買参加者も、業務の承認については卸売業者の取引先であるので、考え方は前掲の仲卸業者の項と同じである。卸売業者が取引先として認めることが前提となる。開設者がその手順を踏まないで、卸売業者に事前了解なしに売買参加者の「承認」などの手続を行うと、事故があった場合に卸売業者から代金決済の請求が開設者に来る恐れはある。また、卸売業者との間に取引の了解が得られているのであれば、屋上屋で開設者が手続きをする必要はないと言える。

この場合、売買参加者を卸売業者が取引先として認める行為は、卸売業者ごとの判断になるという点に注意が必要である。取引先として認めるときに、卸売業者が保証金を徴収する場合は、その額は卸売業者によって違いがあることもあるだろう。売買参加者にとっても、卸売業者ごとに保証金の支払いが出るので、取引先の卸売業者を絞る行為に出る可能性もある。売買参加者という取引先の確保と言うことでは、複数の卸売業者がいる卸売市場では、卸売業者間の競争にもなる。これは、仲卸業者の場合も同じである。卸売業者間の刺激にもなるし、卸売業者のサービス向上も期待できる。

すでにこのような考え方を導入している卸売市場もある。A公設卸売市場○○部では、卸売業者2社が、開設者が承認手続きした売買参加者について、各社ごとに、①現金取引は無条件で取引先として認める、②掛け売りについては、支払い猶予の特約の締結を、各社ごとの判断で行う。現にどちらか1社が締結拒否をしている売買参加者もいるという。そうすると、開設者が売買参加者の承認をしていることの有効性がなくなるということになり、事実上、開設者の売買参加者承認は無視されたことになる。開設者に対して売買参加者を認めた卸売業者からの報告だけでよいのではないだろうか。

ただし、前項の仲卸業者の場合と同じように、この方式により立場が不安定になることはできるだけ避けたいので、移行措置として、最初の認定申請に伴う売買参加者の決定については、原則として現状を尊重する考えで、開設自治体が関与することも必要であろう。その後については、新規に認める売買参加者は、基本的に卸売業者との合意という原則とするのが適切であろう。

売買参加者を認める範囲については、現行卸売市場法下では、開設区域内で営業している場合など地域限定しているケースも多いが、地域制限規定がない卸売市場もある。地域限定は、これからの卸売市場の企業活動に過度の制限を加えることはいかがかと考える。地元需要（地元需要＝所属仲卸業者の取引全部＋地元需要及びそれを支える売買参加者・一般買受人）を優先する原則を各市場設定に入れておけば、もろもろの懸念の歯止めになる。その上での売買参加者の範囲の拡大（日本全国は当然で、外国でも規定上の制限はわざわざ禁止事項として書くことはないのではないか）は、卸売市場活性化策のひとつと考える。コンピューター等によるネット遠隔販売、卸売市場に来場しない顧客というのも、これからのひとつのやり方であり、道を開いておく必要がある。

## 12　一般販売（第三者販売）

一般販売（第三者販売）については、業態（卸売業者や仲卸業者など）、分野（旧部類）、地域、卸売市場などによって事情も意見も様々である。それ故、ここで、全国共通的な考えを披露することはできないし、そうするべきでもない。そもそも、改正卸売市場法が、多様化により、遵守事項以外は各市場設定に委ねているのだから、これは当然のことと言える。

そこで、考察検討するに際しての、いろいろな見方を紹介するので、参考にしていただきたい。

＊仲卸団体の中には、「第三者販売は反対」の声がある。

＊仲卸もいらない荷は買わない。一方、卸は受託拒否の禁止で、いろいろな荷が入って来る。売れない荷は、卸売業者が一般販売（第三者販売）で捌くしかないことは理解するべき。

＊仲卸で扱いきれない大型の注文には、卸が対応しないと、卸売市場の衰退につながる。
＊流通の多様化で、いろいろな買い手、品質管理された加工需要、しかも二十四時間化など高度化している。それへの対応体制もとらなければならない。仲卸には十分供給する体制は取る。
＊一般販売（第三者販売）をするには、そのための社員が必要で人件費がかかる。それだけの利益が見込めないので、当社（卸売業者）は一般販売（第三者販売）はゼロ。
＊仲卸が直荷してきた品物も、当社（卸売業者）を通すルールとなっている。その代わり、当社は一般販売（第三者販売）をしないことになっている。
＊スーパーも含めて、すべての買受人が売買参加者になっているので、当市場では、一般販売（第三者販売）は存在しない。
＊業種間の棲み分け論による線引きは、その卸売市場内では平和かも知れないが、棲み分けによる安心感から緊張感を失い、進歩がなくなることから、競争力が失われていく。そうすると、競争力ある他市場、市場外流通に対抗できなくなるので、長期的にはマイナスとなる。ある程度の卸・仲卸の商圏とのオーバーラップによる緊張感の創出は必要である。
＊仲卸を吸収合併して、第三者販売（一般販売）と直荷引きを結合する動きも現実化している。改正卸売市場法で、卸売業者も仲卸業者も集荷、販売ができるという意味では同列（制度的な仕分けはあるが）なので、構造的な変革も考えるべきだ。
＊第四章　認定制卸売市場となって変わったこと「9　全方位型の卸売市場機能を目指す」で述べたように、わが国のあらゆる流通チャンネルに供給する能力を目指す、つまり全方位型流通を目指す、という目標を立て、卸売業者、仲卸業者、売買参加者、一般買受人がそれぞれ担う部分を調整し、より広い供給圏を獲得していく戦略を、それぞれの立場から描いていく取組み、という視点での討論を望む。

卸売市場によって、また、同じ卸売市場でも分野（旧部類）によって、大きく事情が異なるので、それぞれの中で、一般販売（第三者販売）のあり方は議論するしかないが、単に商圏の衝突というようなことではなく、生鮮食料品等の流通状況や卸売市場の将来を見通してのあり方も含めての討議を尽くしていただきたい。

## 13　直荷引き

現行卸売市場法第四十四条（仲卸業者の業務の制限）で、①出荷者から販売の委託を受ける行為、②所属卸売市場の卸売業者以外の者から買い入れて販売する行為、を禁止している。①は禁止だが、②については開設者が秩序を乱すおそれがないと認めたときはこの限りでない、としている。

改正卸売市場法では第四十四条全文が削除された。しかし自由ということではなく、各市場設定で、それぞれの卸売市場で規定する事項である。

①については卸売業者の行為そのもので、これを認めると、卸売業者と仲卸業者の区別はなくなるので、それも含めての議論となる（改正卸売市場法第二条で仲卸業者の定義はあるにしても）。

②についても、所属卸売市場への貢献という意識がなく、やみくもに直荷引きばかりされると、当該卸売市場の卸売業者の衰退に繋がる。その点への配慮は仲卸業者としても必要と考える。これについては、前述のように卸売市場への貢献度という概念を各市場設定に規定することで、抑制することができる。仲卸業者の直荷引きが多かったことが、当該卸売市場の卸売業者の衰退を招き、ひいては当該卸売市場自体の衰退と変貌につながった事例も現実にあるので、あまり身勝手な行為は慎むべきである。どうしても直荷引きを中心にしないとやっていけないとする仲卸業者は、当該卸売市場から外に出て業務することも含めて考えて欲しい。各市場設定に入れるかどうか、はそれぞれの卸売市場での討議次第であろう。

しかし、仲卸を一方的に責めるわけにもいかないことも事実である。直荷引きをしている先の卸売市場からの仕入れの方が安いという場合、仲卸業者の経営も厳しいのでやむをえないのではという気持にもなる。

所属する卸売市場から出て外での営業となると、集客に影響するだろう。それは根本的には、所属する卸売市場の力が落ちているということが背景にある。仲卸業者だけの問題とせず、開設者も当該卸売市場のあり方、将来について真剣に考えるべきである。自立してやっていけなくなって来ているということなのだから。

卸売業者による一般販売（第三者販売）については、仲卸業者が発言することもあって、表に出る機会が多いが、仲卸業者による直荷引については、あまり表に出ない。これは、目立たないことと、直荷引を開設者に届けないケースも多いということに由来する。

開設者は直荷引について手数料を徴収することになっているが、開設者が仲卸業者の店に立ち入って直荷引の状況を調査しているというのは、ほんの一部の開設者だけだと思う。

開設者が仲卸業者の直荷引きを野放しにするようなことがあっては、一般販売（第三者販売）への規制と公平を欠くことになる。

## 14　入場企業の新陳代謝による卸売市場活性化

基本方針第1の2で、「新規の取引参加者の参入を促す等……卸売市場の活性化を図る観点……」と、新陳代謝による活性化が期待とされている。

開設者＝卸売業者である民設卸売市場では、入場企業について新陳代謝という考えは導入されていると思うが、公設卸売市場では、入場企業はいったん入場すると、期限がないので退場のルールがない。これが、公設卸売市場が沈滞化する一因となっている。

認定申請にあたって、開設者が入場させたい卸売業者、仲卸業者の名簿をつくるはずである。その名簿登載に有効期限を設け（例えば15年）、新陳代謝を図ることで卸売市場の活性化を推進するルールを各卸売市場設定に入れることができればよいが、新制度だから可能になることである。

名簿登載の資格、更新の際の継続条件などを各卸売市場設定に入れる必要がある。

## 15　商物分離

商物分離については、現行卸売市場法第三十九条（市場外にある物品の卸売の禁止）第1項で、市場内以外での卸売を禁止しているが、二号で電子取引によるなどの規制を設けて例外を認めている。それが商物分離である。これについて、商物分離は現物が卸売市場を経由しないことから、仲卸業者等は取引に関与しないことで取扱いに影響が出ることを懸念している。

現在では、電子取引の規制などもあって、商物分離はそれほど多くはない。大量一括取引に限られるので、将来ともそれほど多くなるとは思えず、規制は必要ない（つまり各卸売市場設定に入れる必要はない）と思料する。状況が変われば、その時点で見直すということで対応可能である。

ただし、商物分離は当該卸売市場の施設を使用しない行為であるから、これが百%の場合は単なる商社ということになる。商物分離の比率が高くなると、卸売市場そのものの必要性の論議となる。こういう自体が懸念されるようになってきた段階では、公設卸売市場では公金投入との関係で、各市場設定（業務規定）などでなんらかの考え方を示す必要がある。

なお、民設卸売市場においては、これは卸売業者の考え方で、どうしようと自由ということにはなる。卸売市場という看板は、卸売市場内における現物取引が相当程度なければ、それをあてにする買受人に応えられなくなることになるので、認定取り消しの対象とするなども検討する必要があるかも知れない。

## 16　自己買受け

自己買受けは、基本方針に、各市場設定の例示項目にあったので言及する。

現行卸売市場法第四十条（卸売業者についての卸売の相手方としての買受けの禁止）が改正卸売市場法では削除。つまり各卸売市場設定で言及しなければ解禁となる。

産地からの集荷の際に、買付集荷したのであれば問題ないが、委託集荷したものを卸売業者自身が買い付けると言うことは委託買付として禁止され、国・都道府県の検査でも指摘された。

特に青果において、出荷者の価格要求に応えるために行われてきた経緯があるが、違法をごまかすために複雑な処理をしており、安易に行うと卸売業者の経営にも影響するとして課題となってきた。

これは、そうして欲しい産地の場合には行うが、そうでない場合は断るという卸売業者の経営の判断であるべき、という考え方もできる。不正取引といういい方とは異なるものであり、仲卸業者等には関係ないことから、各卸売市場設定の対象にするのはいかがなものか、と考える。

産地側も公正取引に影響を与え、卸売業者を疲弊させるような無理は控えて欲しい。卸売市場の疲弊は、結局は産地側にも損失となる。

## 17　取扱品目の自由化

改正卸売市場法では取扱品目は、第二条（定義）で、「この法律において「生鮮食料品等」とは、野菜、果実、魚類、肉類等の生鮮食料品その他一般消費者が日常生活の用に供する食料品及び花きその他一般消費者の日常生活と密接な関係を有する農畜水産物で政令で定めるものをいう。」と規定されている。この条文の読み方であるが、「その他」の読み方が問題になる。前段にある、「野菜、果実、魚類、肉類等の生鮮食料品その他一般消費者が日常生活の用に供する食料品」のその他は、野菜、果実などは、一般消費者が日常生活の用に供する食料品の例示である。であるから、「食料品及び花き」は、政令での制限を受けることなく、すべて取扱品目となれる。

後段の「その他」については、「一般消費者の日常生活と密接な関係を有する農畜水産物で政令で定めるものをいう。」を指している。つまり、政令で定めるものに、「食料品及び花き」は入っていない。それ以外（つまり食料品及び花き以外）が対象、ということで、これを筆者は、「取扱品目の自由化」と称している。

取扱品目の自由化（前法から比較すると拡大）は基本的には、卸売市場としてビジネスチャンスを増やすことになるので、自ら規制することはない。

○○水産、△△青果、などという会社の名称の再検討、異なる部門の卸売業者どうしのホールディング会社化、統合などの動きにつながるので、業界再編が進むだろう。

改正卸売市場法では卸売業者の部類ごとの許可を廃止した。地方卸売市場ではすでに魚菜市場、魚菜＋花き市場等が存在している。しかし、商品特性や仕入れの流通の効率化の理由で場所を分ける必要はあると思うので、「分野」、「部門」、など呼称を工夫すればよい。

仲卸業者は現行卸売市場法第三十二条で、「開設者は部類ごとに仲卸業者許可の事項を定める」、としている。しかし、改正卸売市場法では仲卸業者にも取扱品目の自由化は適用と解される。仕入れの便宜性、商品の性格（水の使用の有無など）から、仲卸売場は部門（水産、青果など）で場所は分ける必要があるだろう。

仲卸業者の取扱品目の自由化は、関連事業者と競合する恐れがある。これへの各卸売市場設定は必要となるかもしれないが、取扱品目の自由化の流れは否定できないので、生鮮食料品等を取扱う関連事業者は、仲卸業者と業務場所を分ける、施設自由化による一般消費者を対象とする場所に移して場所による区分をする、現状のままで、競合は容認する、などによる解決案が考えられる。いずれにしても競合を避けることには難しさがある。

## 18　部類制廃止

現行卸売市場法では、「卸売業者の許可を部類ごとに許可する」、としていたので部類が定着していた。改正卸売市場法では取扱品目の自由化がされるので、卸売業者が複数部類、極端な場合は全ての部類＋それ以外の食品（米、酒、その他日常生活で食する食品はなんでも）を扱うことになると、卸売場での置き場所の区別は必要かも知れないが、それも複合的な商品を置くようになるだろうし、水産、青果のようなすっきりした置き方でなくなり、部類の名称も多様化することが考えられる。これまでの常識による区分ではすまなくなることを踏まえて、各市場設定でどうするか、各市場設定になじむことか、現行卸売市場法の規程も含めて各卸売市場で判断することである。

## 19　卸売業者の兼業業務について

卸売業者の兼業業務については、改正卸売市場法では規程がない。本業である卸売業務をおろそかにするということがなければ問題ないと考える。しかし、施設を管理する開設者が、兼業業務が卸売市場機能の障害にならないことなど、なんらかの規程を各市場設定に入れる可能性はある。

卸売業者が作成する事業報告書の様式（農林水産省令第七条に規定する別記様式第二号）には、兼業業務の内容、売上高、兼業業務税引き前登記純利益（損失）金額を書く欄がある。また、（記載上の注意）として、「兼業業務とは、認定を受けた卸売市場における卸売業務及び付帯業務以外の業務をいう。」と定義されている。その「付帯業務」とは、「専ら卸売業務を補完するために行う、製氷、魚木箱製造等の業務をいう。」と定義されている。

つまり、事業報告書に記載する欄はあっても、記載というだけで、改正卸売市場法としてはそれ以上の言及はない、ということである。ただし、施設の使用等で各市場設定でなんらかの内容が入る可能性はある。

兼業業務を子会社で行っているが、それについてはどうか、という質問を受けたことがあるが、それについては、現行卸売市場法でも子会社でなければならない、というような規程は特にないようで、卸売業者の会社で本業として行っても、問題にはならないと筆者は考えている。

## 20　卸売市場内における小売行為

卸売市場内での小売行為については、仲卸業者は改正卸売市場法第二条第5項における定義で「仲卸業者とは、卸売市場において卸売を受けた生鮮食料品等を当該卸売市場内の店舗において販売する者をいう」となっている。しかし、この「販売」は、卸売市場であるから一般消費者を含めている意味での「販売」ではない。

改正卸売市場法第二条（定義）で、「卸売市場」とは、生鮮食料品等の卸売のために開設される市場であって……継続して開場されるものをいう。」とあって、卸売行為をするところであって、いわゆる一般消費者などに小売をするところではないことが前提である。仲卸業者も卸売市場であるから「卸売」であるが、同じ「卸売」とすると、卸売業者と仲卸業者の区別がつかないことから、仲卸業者の方は「販売」としたとされる。であるから、小売行為を認めたということではない。

小売行為については、一般消費者から望む声があり、仲卸業者にもそれを期待する部分がある一方で、売買参加者、小売業者（スーパーなども含む）からは、自身の商圏に影響するものとして反対の声もある。認定制になったということも踏まえると、卸売市場における原則的な取引行為は卸売に限定されるが、各市場設定の協議の中で、みんなの合意が得られれば、限定を部分的にゆるめる可能性はあるのではないか、と思料する。もとより、卸売市場機能として認定申請した以外の施設（卸売市場機能ではない施設＝「申請外施設」という）における小売は自由であるので、それで対応することは問題ない。

一般消費者の買い物は、早朝ということは少なく、午前十時以降、昼ごろ、午後三時ごろ、夕方などの時間帯が多い。そうすると、時間的に仲卸業者による一般消費者への販売ということは限定される。早朝の仲卸売場の雰囲気を楽しむということはあろうが、それは見学のついでにちょっと買い物ということで例外的である。これについては運用で柔軟に対応していいのではないだろうか。

今だに見かけるのだが、「一般消費者は入場できません」というような看板を市場入口に掲げるようなことは、筆者としては再考することを期待したい。申請外施設も活用しながら、みんなに親しまれる卸売市場を目指していただきたい。

## 21　地方卸売市場における受託拒否禁止の扱い

現行卸売市場法でも、地方卸売市場については、受託拒否の禁止原則は法的には規定されていなかった。これは、卸売業者にとって受託拒否の禁止になじまない例があるのでという説明を聞いたことがある。しかし、出荷者から見ると、受託拒否の禁止により、いつでも出荷できるという安心感は大きいし、卸売市場への信頼にもつながると思うので、受託拒否の禁止を業務規程に入れる方向で検討することが望ましいと考える。

卸売業者にとって、受託を断りたい気持になる事象があった場合は、前述した農林水産省令第六条（受託拒否の正当な理由）も参考にしながら、誠意ある対応をする必要があるし、正当な理由があると考えたときは、開設者に報告する（開設者＝卸売業者である民設卸売市場にあっては、認定権者に報告する）などの措置をとって、トラブル防止を心がける必要がある。

公設の説明に必要と思えば設定すればいいし、実態との乖離で説明困難と思えば設定しないという判断もある。ただし、設定しない場合は、公設制の根拠について確保しておくことが望ましい。第三セクター市場もこれに準じると考える。

## 22 卸売市場が24時間型になり、暦上の1日と違う区分になっていることの是正

現行卸売市場法第九条（認可の申請）第2項に、中央卸売市場において中央卸売市場の開設の認可を受けようとする地方公共団体が定める業務規定の事項に、「開場の期日及び時間」とあるので、地方公共団体は業務規定（条例）に開場時間も定めなければならない。通常は、暦上の一日、すなわち午前〇時から午後十二時までとなっている。

ある中央卸売市場で、開設者職員がこれを杓子定規に当てはめて、卸売業者職員が午後九時頃に入荷した予約相対品をすぐに仲卸業者に渡そうとしたところ、午前〇時まで待てと言ったというので、なんとかならないのか、ということであった。

認定制の下での業務規定にも、「開場の期日及び時間」は定めなければならないだろうから、現実を踏まえてどう表現したらいいか、討議する必要がある。現実には、翌朝の取引行為が、前日の午後からの入荷とともに始まっているのだし、終わるのは、なにが終わりかというのが問題だが、卸売場での取引は、通常は午前中早めに終わるだろうが、その後、伝票処理、経理処理、産地との連絡、送金などの業務がある。終わる頃には翌日の荷が入って来る。始まる正確な時刻は流動的だろうから、文での表現に留めるもの一法であろう。

## 23 現状に合わない、ないしは障害となっている既得権益の打破

現行卸売市場法は中央卸売市場法時代から通算すると、百年近い間、卸売市場運営の柱となってきた。長い間にできた慣行的なものもあると思われる。もちろん、合理性があるものも多いが、もし既得権益と見られ、時代に合わなくなっているものがあれば、制度が変わるチャンスに再検討することも大切である。

## 24　せり人登録の考察

現行卸売市場法第四十三条（せり人の登録）で、「中央卸売市場において行う卸売のせり人は、その者について当該卸売業者が開設者の行う登録を受けている者でなければならない。」として、第2項、第3項でより具体的な規程を設けている。この条文は改正卸売市場法では削除され、受け皿となる条文も設定されていない。つまり、開設者が考えることとされている。これについて、筆者の考えを以下に述べる。

大正十二（一九二三）年制定の中央卸売市場法では、取引原則は、せり・入札に限定されていた。そのせり・入札を仕切る卸売業者の担当者の立場は、取引の公正公平原則の守り手としてきわめて重要な位置づけであり、卸売業者という企業の社員ではあっても、出荷者と買受人の間の中立的立場が求められる。

昭和四十六（一九七一）年制定の卸売市場法でも、せり・入札原則は維持されたが、流通大型化が進み、流通革命が叫ばれる中で、例外とされた相対取引、いわゆる先取り（販売開始時刻以前の卸売）も増加し、ついにはせり比率が少数派となるにいたっている。

このような状況下での卸売業者の販売担当者の役割はどうあるべきか、というところから、せり人のあり方は検討する必要がある。

本書で度々出てくる改正卸売市場法第四条第5項の五にある遵守事項の一に、「売買取引の原則　取引参加者は、公正かつ効率的に売買取引を行うこと。」とされているが、この取引の重要な担い手が、現行卸売市場法にいうせり人である。せり人（販売担当者）については、卸売業者自身が、能力を見て任命することでももちろんいいのだが、卸売業者に聴いて見ると、せり人という位置づけに権威というかステータスがあり、公的に認められた方がありがたい、産地に行ってもステータスとして役に立つという声も多い。何回受験してもせり人試験に合格しない社員は、社内に居場所がなくなって退職した例も見ている。

筆者はもう四十年以上前になるが、東京都職員時代に、せり人の試験問題を作らされたことがある。当時は卸売市場法の初期の時代で、せり・入札比率も高く、法、条例、規則、要綱要領まで入れると非常に多くの規程があって、出題する材料には事欠かなかった。しかし、改正卸売市場法では条文が十九条しかない。これで問題がつくれるのか、とまず思った。さらに、具体的なことは各市場設定で規定されているので、当該卸売市場でつくるならいいが、他市場で共通、あるいは団体組織（例えば全中協など）で問題を作ろうとすると障害になる。

せり比率が非常に下がっているのに、せり人というのも変である。せりは特別な技術がいるが、相対取引にはそのような技術は求められない。さらに、食肉市場や花き市場ではコンピューターせりシステムも普及していて、手やり方式のせりのような技術は必要なくなっている。特殊な技術を要する一部の仕事だけは、それができる人を見分けることができるのは、所属する企業しかないのではないだろうか。現行のせり人試験は、現場でせり技術を試験しているわけではない。

なお、せり人とは別に、取引担当者として別の資格としている開設者もある。

各市場設定の決定の期日が迫っている段階では、とりあえずは現行の方式で行くとして、より根本的なしくみは、それが決まってから差し替えるというやり方も考えられる。

## 25　より本格的な資格制度創設の提案

この項は、期限がある各市場設定には間に合わないと思うので、この章のテーマではないが、関連としてここに挿入する。

卸売業者の取引を担当する全体的な言い方は販売担当者ということである。せり人という言い方はその一部であり、せりに限定しての資格・試験というなら、せり技術の実地試験を行わないのはおかしい。それは別の課題として区別するべきであろうし、各企業で社員を養成して対応するのが現実的かも知れない。

いま、卸売市場取引の担当者、管理者のスキルアップとして求められるのは、公正・効率的取引原則、受託拒否の禁止、差別などの卸売市場法の直接的な事項だけでなく、卸売市場を中心とした総合的な知識を身につけて、より高度で公共性と社会的使命が果たせる能力である。

そこで、筆者が考えたのが、仮称「卸売業務ディレクター」というような資格の創設である。ディレクターとは、「制作物の作品としての質に責任を持つ者のこと」（Wikipedia）で、単なるせり資格というようなものではない。他にもっといい名称もあるかもしれないと思うし、グレードによって名称を変えてもいいかもしれない。

一～三級程度のグレードをつけて、改正卸売市場法、農林水産省令はもとより、産地表示に関する法令、農林水産業に関する法令、不当景品表示法、独占禁止法、財務諸表の読み方、食品の安全性（農薬、養殖、飼料、添加物、消費期限、輸入品の防疫、その他）、産地偽装、不当表示、品質保全、わが国農林水産業の状況、輸入の状況、商法、などなど、級のグレードでの難易はつけながら認定を行うと、社会的ステータスのある資格となり、社内での評価、就転職に有利、モチベーション向上などが期待できる。公設卸売市場、民設卸売市場の区別もなく、全体として卸売市場の信頼度は上がると考える。できれば全国で統一した資格とすると、信頼感も得られる。どこが実施するかが問題ではあるが。

一番やさしい三級は、二年程度の経験で普通なら合格できるレベルにして、とりあえず取引担当者としての資格で仕事できるようにし、それから上は、向上心を刺激することで卸売市場に役立つ人材の育成に資する制度にできたらいいと思う。一級資格者がいる卸売業者は権威と信用が得られるようになれば、卸売市場全体のレベルアップにも資すると思う。

このような制度実現の見通しがあるなら、当面は、卸売業者が内部で育成してせり人と認定するか、これまでどおり、開設者が試験などを行う方式でつなぐのがよいと考える。

しかし、食肉と花きにおいてはコンピューターせりが普及して、手やりのような技術は必要なくなっている。むしろ、コンピューター操作の技術向上の方が大切となっているので、前例踏襲というのをいつまでも続けるのはいかがなものか。

なお、葬祭業の資格として葬祭ディレクターという制度があり、一級（全ての葬祭ができる）と二級（個人葬に限定）があるが、合格率はいずれも六～七割で、それほど難しいものではない。資格がなくても業務できるが、資格者がいると一定レベル以上と認められ、業務上また社員のモチベーションアップ上も効果が期待できるということである。

こちらは、資格がなくても業務ができる制度のようであるが、卸売市場業務は非常に公共性が高く、きちんとした資格で業務を行う方が、卸売市場の信頼性が増し、改正卸売市場法が期待する公平かつ効率的な取引の高度化の牽引力になると考える。

実施に課題、困難も多いと思うが、改正卸売市場法第四条第５項の五に規定されている遵守事項一の公正・効率的な取引という役割を担う人材育成にもつながると思うので、実現を期待している。何人かに打診したが、みなさん、それはいいね、という反応である。

卸売市場業務の資格制度の創設については、筆者（卸売市場政策研究所）も行政や卸売市場業界等とも協議しながら、実現に向けて努力するつもりである。

# おわりがつぎのはじまり

私は、ちょうど東日本大震災が起きた平成二十三（二〇一一）年三月に北海道の酪農学園大学の勤務を終了して東京の家に戻り、すぐに卸売市場政策研究所（個人事業主）を立ち上げて、ライフワークとして卸売市場活性化につながる卸売市場政策に取り組み始めました。翌年三月から、毎年、卸売市場研究会と称して、私の一年間のまとめを報告するようにしました。

第一回は東京農工大学で開催しましたが、まだホームページもつくっていなかったのに、三十人ほどが参加されました。翌年から東京都中央卸売市場大田市場に会場を移して、年々参加者が増えて、第五回からは会議室では入りきれず、講堂に場所を移すほどになりました。

毎年、この研究会での発表を目標として、新しい知見を発表しようと努力してきましたが、平成二十八（二〇一六）年十月に内閣府規制改革推進会議の提言が出て、にわかに卸売市場改革が表に出てきて動きが激しくなってきました。これに対応して、私も取組みを強め、平成二十九（二〇一七）年二月の第六回卸売市場研究会で、細川允史著『激動に直面する卸売市場』（筑波書房刊）を、翌年平成三十（二〇一八）年二月の第七回卸売市場研究会で、細川允史編『新制度卸売市場のあり方と展望』（筑波書房刊）を続けて発刊しました。そして今回、平成三十一（二〇一九）年二月に第八回卸売市場研究会を、開場まもない東京都中央卸売市場豊洲市場講堂に場所を移して開催しました。私の報告は、卸売市場開設の認可制と認定制の違いの分析に力を入れましたが、その準備作業の中で、卸売市場法の法文解析（なぜこういう解釈になるのか。新現行卸売市場法等を比較しないとよくわからない。）の重要性に改めて思い至り、これを書にして、広く卸売市場関係の方々の参考にしようと思い立ちました。そういうわけで本にするのが遅れ、前二書とは異なり、卸売市場研究会の会場で新刊書を積み上げるということはできず、一ヶ月遅れで発刊の運びとなりました。

本書をまとめる作業の中で改めて思ったのは、改正卸売市場法は、現行卸売市場法の条文が現状と乖離しているもの、卸売市場の状況の多様化で全国一律にするよりは各市場で設定した方がよいもの、などを削除したのは、ひとつの時代の整理ということですが、これにより終わりになったのではなく、新しい課題ができたという面があることに気がつきました。

例えば、最後の方で述べている、せり人の登録、という項では、せり人という名称自体が、せり比率の低下やコンピューターせりシステムの普及などで全体を表していないとしましたが、それに替わるべきものとして、より専門性が高い資格のシステム（仮称：卸売業務ディレクター）を思いつきました。私としては、これが実現すると、卸売業者の社内で、卸売市場の公正かつ効率的な取引という役割の専門家がいつもいるということで、なにがしか社内の雰囲気に影響を与えるのではないか、と思っております。

他にも、これまでの課題を解決したことが、新しい課題というか目標となって出てきている項目があります。そのひとつは、卸売業者と仲卸業者・売買参加者・一般買受人との関係で、卸売市場といえどもこの関係は民対民の関係で、それを前提とするのが本当ではないか、という課題提起です。そうすると、民設卸売市場では開設者＝卸売業者であればそれで解決するが、現在大きな位置づけを持つ公設卸売市場においては、開設自治体と市場企業との関係をどうしていくべきか、市場運営体制をどうしていくべきか、ということの整理が大きな課題となってきます。これも新しい課題のはじまりとなると思います。

さらに、改正卸売市場法でも、個々の卸売市場のあり方を対象としていますが、市場間格差の拡大、都道府県を超えた、流通圏のグローバル化への対応、かねてから言われながら、かけ声だけに終っている市場間連携のあり方などの、今後のわが国卸売市場制度の根幹にかかわる課題が、次の課題として、いよいよ直面する段階に来ていると思います。まさに「つぎのはじまり」を実感しております。終点どころかこれからが大きな登り坂となるという問題意識を持っているところです。

こうして、歴史の歯車は回り続けるので、卸売市場も解決が次の課題を呼び、を繰り返しながら変貌していくと思います。私としては、体が動く限り、卸売市場とともに歩んで行きたいと願っております。

# 付録

（平成30年農林水産省告示第2278号）

# 卸売市場に関する基本方針

## 第１　卸売市場の業務の運営に関する基本的な事項

１　卸売市場の位置付け（法第１条、第２条、第４条及び第13条関係）

中央卸売市場及び地方卸売市場（以下単に「卸売市場」という。）が有する集荷及び分荷、価格形成、代金決済等の調整機能は重要であり、卸売業者の集荷機能、仲卸業者の目利き機能等が果たされることにより、食品等の流通の核として国民に安定的に生鮮食料品等を供給する役割を果たすことが期待される。

他方、生産者の所得の向上と消費者ニーズへの的確な対応のためには、卸売市場を含めて新たな需要の開拓や付加価値の向上を実現することが求められる。

流通が多様化する中で、卸売市場は、生鮮食料品等の公正な取引の場として、特定の取引参加者を優遇する差別的取扱いの禁止のほか、取引条件や取引結果の公表等公正かつ透明を旨とする共通の取引ルールを遵守し、公正かつ安定的に業務運営を行うことにより、高い公共性を果たしていくことが期待される。

また、地方公共団体を始めとする開設者は、地域住民からの生鮮食料品等の安定供給に対するニーズに応えつつ、高い公共性を果たす必要がある。

２　卸売市場におけるその他の取引ルールの設定（法第４条第５項第６号及び第13条第５項第６号関係）

開設者は、法に基づき、取引参加者の意見を十分に聴いた上で、その他の取引ルールとして、次のような行為について遵守事項を定めることができる。

ア　商物分離

卸売市場外にある生鮮食料品等の卸売業者による卸売

イ　第三者販売

仲卸業者及び売買参加者（開設者から事実行為として承認等を受けて卸売業者から卸売を受ける者をいう。以下同じ。）以外の者への卸売業者による卸売

ウ　直荷引き

仲卸業者による卸売業者以外の者からの買受け

エ　自己買受け

卸売業者による卸売の相手方としての買受け

オ　地方卸売市場における受託拒否の禁止

地方卸売市場において出荷者から販売の委託があった場合の卸売業者による受託拒否の禁止

開設者は、その他の取引ルールを定める場合には、卸売業者及び仲卸業者だけでなく出荷者や売買参加者を始めとする取引参加者の意見を偏りなく十分に聴き、議事録等を公表する等により今後の事業展開に関する新しいアイデア等を共有するほか、卸売市場の施設を有効に活用する新規の取引参加者の参入を促す等、取扱品目ごとの実情に応じて卸売市場の活性化を図る観点から、ルール設定を行う。

３　卸売市場における指導監督

⑴　開設者による指導監督（法第４条第５項第３号ハ及び第７号並びに第13条第５項第３号ハ及び第７号関係）

開設者は、取引参加者が遵守事項に違反した場合には、指導及び助言、是正の求め等の措置を講ずるとともに、卸売業者の事業報告書等を通じて卸売業者の財務の状況を定期的に確認する。

また、開設者は、卸売市場の業務を適正に運営するため、指導監督に必要な人員の確保等を行う。

⑵　国及び都道府県による指導監督（法第９条から第12条まで（第14条において準用する場合を含む）関係）

農林水産大臣及び都道府県知事は、毎年、開設者から卸売市場の運営の状況に関する報告を受けるとともに、卸売業者等の業務の状況を把握する。

また、農林水産大臣及び都道府県知事は、必要に応じ、開設者に対して報告徴収及び立入検査を行い、指導及び助言や措置命令の措置を講ずるほか、重大な法令違反等があった場合にはその認定を取り消すことにより、卸売市場における公正な取引を確保する。

## 第２　卸売市場の施設に関する基本的な事項

１　卸売市場の施設整備の在り方（法第４条第５項第８号、第13条第５項第８号及び第16条関係）

卸売市場は、都市計画との整合等を図りつつ取扱品目の特性、需要量等を踏まえ、売場施設、駐車施設、冷蔵・冷凍保管施設、輸送・搬送施設、加工処理施設、情報処理施設等、円滑な取引に必要な規模及び機能を確保する。

また、開設者の指定を受けて卸売業者、仲卸業者等が保有する卸売市場外の施設を一時的な保管施設として活用し、卸売市場の施設の機能を有効に補完する。

その上で、各卸売市場ごとの取引実態に応じて、次のような創意工夫をいかした事業展開が期待される。

⑴　流通の効率化

トラックの荷台と卸売場の荷受口との段差がなく円滑に搬出入を行うことができるトラックバースや、産地から無選別のまま搬入した上で一括して選果等を行う選別施設の整備、卸売市場内の物流動線を考慮した施設の配置等、卸売市場における流通の効率化に取り組む。

また、複数の卸売市場間のネットワークを構築し、一旦拠点となる卸売市場に集約して輸送した後に他の卸売市場へと転送するハブ・アンド・スポーク等、他の卸売市場と連携した流通の効率化に取り組む。

⑵　品質管理及び衛生管理の高度化

トラックの荷台と低温卸売場の荷受口との隙間を埋めて密閉するドッグシェルターや、低温卸売場、冷蔵保管施設、低温物流センターの整備等によるコールドチェーンの確保に取り組む。

また、輸出先国のHACCP基準を満たす閉鎖型施設や、品質管理認証の取得に必要な衛生設備等、高度な衛生管理に資する施設の整備に取り組む。

⑶　情報通信技術その他の技術の利用

IoTを始めとする情報通信技術の導入により、低温卸売場の温度管理状況、保管施設の在庫状況、物流センターの出荷・発注状況等を事務所にいながらリアルタイムで把握できるようにする等、情報通信技術等の利用による効率的な商品管理等に取り組む。

⑷　国内外の需要への対応

加工食品の需要の増大に対応するための加工施設の整備、小口消費の需要の増大に対応するための小分け施設やパッケージ施設の整備等、国内の需要に的確に対応するための施設の整備に取り組む。

また、全国各地から多種多様な商品が集まる特性をいかし、加工や包装、保管、輸出手続等を一貫して行う輸出拠点施設の整備等、海外の需要に的確に対応するための施設の整備に取り組む。

⑸　関連施設との有機的な連携

主として生鮮食料品等の卸売を行う卸売市場の役割を基本としつつ、関係者間の調整を行った上で、卸売市場外で取引される食品等を含めて効率的に輸送する、既に市場まつり等の取組もなされているが、卸売市場の役割に支障を及ぼさない範囲で施設を有効に活用する、卸売市場から原材料を供給して加工食品を製造する等、卸売市場の機能を一層有効に発揮できるよう、卸売市場の内外において関連施設の整備に取り組む。

2　国による支援（法第16条関係）

卸売市場の施設の整備には、予算措置により国が助成し、特に中央卸売市場の開設者が食品等流通合理化計画に従って施設の整備を行う場合には、法に基づき、予算の範囲内において、その費用の10分の４以内を補助することができる。

## 第３　その他卸売市場に関する重要事項

1　災害時等の対応

開設者、卸売業者及び仲卸業者は、災害等の緊急事態であっても継続的に生鮮食料品等を供給できるよう、事業継続計画（ＢＣＰ）の策定等に努めるとともに、開設者は、社会インフラとして迅速に生鮮食料品等を供給できるよう、地方公共団体と食料供給に関する連携協定の締結等に努める。

2　食文化の維持及び発信

開設者、卸売業者及び仲卸業者は、多種多様な野菜及び果物、魚介類、肉類等の食材の供給や、小中学生や消費者との交流等を通じて、食文化の維持及び発展に努める。

3　人材育成及び働き方改革

卸売業者及び仲卸業者は、人手不足の中で必要な人材を確保するため、労働負担を軽減する設備の導入、休業日の確保、女性が働きやすい職場づくり等、卸売市場の労働環境の改善に努める。

# 改正卸売市場法関係法令三段表

## 法律

○卸売市場法

（昭和四十六年四月三日）
（法律第三十五号）

卸売市場法をここに公布する。

卸売市場法

目次



第一章　総則

（目的）

第一条　この法律は、卸売市場が食品等の流通（食品等の流通の合理化及び取引の適正化に関する法律（平成三年法律第五十九号）第二条第二項に規定する食品等の流通をいう。）において生鮮食料品等の

## 政令

○卸売市場法施行令

（昭和四十六年六月三十日）
（政令第二百二十一号）

卸売市場法施行令をここに公布する。

卸売市場法施行令

内閣は、卸売市場法（昭和四十六年法律第三十五号）第二条第一項及び第四項、第四条第一項、第五条第一項、第六条第一項、第八条第一号、第十一条第一項、第七十三条第一項及び第二項並びに第七十六条の規定に基づき、この政令を制定する。

## 省令等

○卸売市場法施行規則

（昭和四十六年六月三十日）
（農林省令第五十二号）

卸売市場法（昭和四十六年法律第三十五号）の規定に基づき、及び同法を実施するため、卸売市場法施行規則を次のように定める。

卸売市場法施行規則

公正な取引の場として重要な役割を果たしていることに鑑み、卸売市場に関し、農林水産大臣が策定する基本方針について定めるとともに、農林水産大臣及び都道府県知事によるその認定に関する措置その他の措置を講じ、その適正かつ健全な運営を確保することにより、生鮮食料品等の取引の適正化とその生産及び流通の円滑化を図り、もって国民生活の安定に資することを目的とする。

（定義）

第二条　この法律において「生鮮食料品等」とは、野菜、果実、魚類、肉類等の生鮮食料品その他一般消費者が日常生活の用に供する食料品及び花きその他一般消費者の日常生活と密接な関係を有する農畜水産物で政令で定めるものをいう。

2　この法律において「卸売市場」とは、生鮮食料品等の卸売のために開設される市場であって、卸売場、自動車駐車場その他の生鮮食料品等の取引及び荷さばきに必要な施設を設けて継続して開場されるものをいう。

3　この法律において「開設者」とは、卸売市場を開設する者をいう。

4　この法律において「卸売業者」とは、卸売市場に出荷される生鮮食料品等について、その出荷者から卸売のための販売の委託を受け、又は買い受けて、当該卸売市場において卸売をする業務を行う者をいう。

5　この法律において「仲卸業者」とは、卸売市場において卸売を受けた生鮮食料品等を当該卸売市場内の店舗において販売する者をいう。

## 第二章　卸売市場に関する基本方針

第三条　農林水産大臣は、卸売市場に関する基本方針

（以下「基本方針」という。）を定めるものとする。

2　基本方針においては、次に掲げる事項を定めるものとする。

一　卸売市場の業務の運営に関する基本的な事項

二　卸売市場の施設に関する基本的な事項

三　その他卸売市場に関する重要事項

3　農林水産大臣は、基本方針を定めようとするときは、食料・農業・農村政策審議会の意見を聴くものとする。

4　農林水産大臣は、基本方針を定めたときは、遅滞なく、これを公表するものとする。

5　前二項の規定は、基本方針の変更について準用する。

第三章　中央卸売市場

（中央卸売市場の認定）

第四条　卸売市場（その施設の規模が一定の規模以上であることその他の農林水産省令で定める基準に該当するものに限る。）であって、第五項各号に掲げる要件に適合しているものは、農林水産大臣の認定を受けて、中央卸売市場と称することができる。

（中央卸売市場の認定を受けることのできる卸売市場）

第一条　卸売市場法（以下「法」という。）第四条第一項の農林水産省令で定める基準は、その取扱品目が属する次の各号に掲げる生鮮食料品等の区分に応じ、その卸売場、仲卸売場及び倉庫（冷蔵又は冷凍で保管するものを含む。）の面積の合計が、おおむねそれぞれ当該各号に定める面積（その取扱品目が当該各号の二以上の生鮮食料品等の区分に属する場合には、当該各号に定める面積のうち最も大きな面積）以上であることとする。

一　野菜及び果実　一万平方メートル

二　生鮮水産物　一万平方メートル

三　肉類　千五百平方メートル

四　花き　千五百平方メートル

五　前各号に掲げる生鮮食料品等以外の生鮮食料品等　千五百平方メートル

2　その開設する卸売市場について前項の認定を受けようとする開設者は、農林水産省令で定めるところにより、次に掲げる事項を記載した申請書（以下この条において「申請書」という。）を農林水産大臣に提出して、同項の認定の申請をしなければならない。

一　開設者の名称及び住所並びにその代表者の氏名

二　卸売市場の名称

三　卸売市場の位置及び面積並びに施設に関する事項

四　卸売市場の取扱品目並びに取扱品目ごとの取扱いの数量及び金額に関する事項

五　卸売市場の業務の運営体制に関する事項

六　卸売市場の業務の運営に必要な資金の確保に関する事項

七　卸売市場の卸売業者に関する事項

八　その他農林水産省令で定める事項

（中央卸売市場の認定の申請）

第二条　法第四条第二項に規定する申請書は、別記様式第一号により作成しなければならない。

2　法第四条第二項第八号の農林水産省令で定める事項は、卸売業者以外の取引参加者その他の関係事業者に関する事項とする。

3　第一項の申請書には、次に掲げる書類を添付しなければならない。

一　開設者に関する次に掲げる書類（開設者が地方公共団体である場合にあっては、ニに掲げる書類）

イ　定款

ロ　登記事項証明書

ハ　役員名簿及び役員の履歴書

ニ　別記様式第七号の例により作成した直近年度の事業報告書又はこれに準ずるもの（開設者が事業の開始後一年を経過していないものである場合にあっては、申請の日を含む年度の事業計画書）

3　申請書には、その申請に係る卸売市場の業務に関する規程（以下「業務規程」という。）を添付しなければならない。

ホ　法第五条第二号から第四号までに掲げる者に該当しないことを誓約する書面
二　卸売市場の施設の配置図
三　卸売業者に関する次に掲げる書類（卸売業者が個人である場合にあっては、戸籍抄本又はこれに代わるもの及びニに掲げる書類）
イ　定款
ロ　登記事項証明書
ハ　役員名簿
ニ　別記様式第二号の例により作成した直近の事業年度の事業報告書又はこれに準ずるもの（卸売業者が事業の開始後一年を経過していないものである場合にあっては、申請の日を含む事業年度の事業計画書）
四　法第四条第五項第四号イ及びロに掲げる方法が公表されていることを証する書類
五　法第四条第五項第五号の表の下欄に掲げる事項以外の遵守事項が定められている場合にあっては、次に掲げる書類
イ　当該遵守事項を定めるに当たって法第四条第五項第六号ロの規定により取引参加者の意見を聴いたことを証する書類
ロ　当該遵守事項及び当該遵守事項が定められた理由が法第四条第五項第六号ハの規定により公表されていることを証する書類

4　法第四条第三項に規定する業務規程には、その細則（同条第五項第三号イからハまで並びに第四号イ及びロに掲げる事項並びに遵守事項の内容に係るものに限る。）を委ねた規則（品目、数量、金額、割合その他の軽微な事項のみを委ねたものを除く。）を含む。

4 業務規程には、次に掲げる事項を定めなければならない。
一 卸売市場の業務の方法
二 卸売業者、仲卸業者その他の卸売市場において売買取引を行う者（以下「取引参加者」という。）が当該卸売市場における業務に関し遵守すべき事項
5 農林水産大臣は、第一項の認定の申請があった場合において、当該申請に係る卸売市場について次に掲げる要件に適合すると認めるときは、当該認定をするものとする。
一 申請書及び業務規程の内容が、基本方針に照らし適切であること。
二 申請書及び業務規程の内容が、法令に違反しないこと。
三 業務規程に定められている前項第一号に掲げる事項が、次に掲げる事項を内容とするものであること。
イ 開設者は、当該卸売市場の業務の運営に関し、取引参加者に対して、不当に差別的な取扱いをしないこと。
ロ 開設者は、当該卸売市場において取り扱う生鮮食料品等について、農林水産省令で定めるところにより、卸売の数量及び価格その他の農林水産省令で定める事項を公表すること。

（開設者による売買取引の結果等の公表）
第三条 法第四条第五項第三号ロの規定による公表は、当該卸売市場の取扱品目に属する生鮮食料品等に関する次に掲げる事項について、それぞれ開設者が定める時までに、インターネットの利用その他の適切な方法により行わなければならない。
一 その日（開設者が定める時刻から翌日の当該時刻までの期間をいう。以下同じ。）の主要な品目の卸売予定数量
二 その日の主要な品目の卸売の数量及び価格

ハ　開設者は、業務規程に定められている遵守事項（前項第二号に掲げる事項をいう。以下この項において同じ。）を取引参加者に遵守させるため、これに必要な限度において、取引参加者に対し、指導及び助言、報告及び検査、是正の求めその他の措置をとることができること。

四　業務規程に前項第一号に掲げる事項として次に掲げる方法が定められているとともに、当該方法が農林水産省令で定めるところにより公表されていること。

イ　卸売業者の生鮮食料品等の品目ごとのせり売又は入札の方法、相対による取引の方法その他の売買取引の方法

ロ　取引参加者が売買取引を行う場合における支払期日、支払方法その他の決済の方法

2　前項第一号及び第二号に掲げる事項の公表は、同項に定めるところによるほか、次に定めるところにより行わなければならない。

一　前項第一号に掲げる事項にあっては、主要な産地並びに前日の主要な品目の卸売の数量及び価格と併せて公表すること。

二　前項第二号に掲げる事項にあっては、売買取引の方法ごとに、価格を高値（最も高い価格をいう。以下同じ。）、中値（最も卸売の数量が多い価格をいう。ただし、個々の商品ごとに価格を決定する品目については、加重平均価格をいう。以下同じ。）及び安値（中値未満の価格のうち、最も卸売の数量が多い価格をいう。ただし、個々の商品ごとに価格を決定する品目については、最も低い価格をいう。以下同じ。）に区分して行うこと。

（開設者による売買取引の方法及び決済の方法の公表）

第四条　法第四条第五項第四号の規定による公表は、インターネットの利用その他の適切な方法により行わなければならない。

五　業務規程に定められている遵守事項が、次の表の上欄に掲げる事項に関し、同表の下欄に掲げる事項を内容とするものであること。

| | |
|---|---|
| 一　売買取引の原則 | 取引参加者は、公正かつ効率的に売買取引を行うこと。 |
| 二　差別的取扱いの禁止 | 卸売業者は、出荷者又は仲卸業者その他の買受人に対して、不当に差別的な取扱いをしないこと。 |
| 三　売買取引の方法 | 卸売業者は、前号イに掲げる方法として業務規程に定められた方法により、卸売をすること。 |
| 四　売買取引の条件の公表 | 卸売業者は、農林水産省令で定めるところにより、その取扱品目その他売買取引の条件（売買取引に係る金銭の収受に関する条件を含む。）を公表すること。 |

（卸売業者による売買取引の条件の公表）

第五条　法第四条第五項第五号の表の四の項の規定による公表は、次に掲げる事項について、インターネットの利用その他の適切な方法により行わなければならない。

一　営業日及び営業時間

二　取扱品目

三　生鮮食料品等の引渡しの方法

四　委託手数料その他の生鮮食料品等の卸売に関し出荷者又は買受人が負担する費用の種類、内容及びその額

五　生鮮食料品等の卸売に係る販売代金の支払期日及び支払方法（法第四条第五項第四号ロに掲げる方法として業務規程に定められた決済の方法に則したものに限る。）

| | |
|---|---|
| 五　受託拒否の禁止 | 卸売業者は、その取扱品目に属する生鮮食料品等について当該卸売市場における卸売のための販売の委託の申込みがあった場合には、農林水産省令で定める正当な理由がある場合を除き、その引受けを拒まないこと。 |

六　売買取引に関して出荷者又は買受人に交付する奨励金その他の販売代金以外の金銭（以下「奨励金等」という。）がある場合には、その種類、内容及びその額（その交付の基準を含む。）

（受託拒否の正当な理由）

第六条　法第四条第五項第五号の表の五の項の農林水産省令で定める正当な理由がある場合は、次のとおりとする。

一　販売の委託の申込みがあった生鮮食料品等が食品衛生上有害である場合

二　販売の委託の申込みがあった生鮮食料品等が当該卸売市場において過去に全て残品となり販売に至らなかった生鮮食料品等と品質が同程度であると開設者が認める場合

三　卸売場、倉庫その他の卸売業者が当該卸売市場における卸売の業務のために使用する施設の受入能力を超える場合

四　販売の委託の申込みがあった生鮮食料品等に関し、法令に違反し、若しくは公益に反する行為の疑いがある場合又は販売を制限する行政機関の指示若しくは命令があった場合

五　販売の委託の申込みが法第四条第五項第五号の表の四の項の規定により卸売業者が公表した売買取引の条件に基づかない場合

六　販売の委託の申込みが当該卸売市場以外の場所における売買取引の残品の出荷であることが明白である場合

七　販売の委託の申込みが次に掲げる者から行われたものである場合

イ　暴力団員による不当な行為の防止等に関する法律（平成三年法律第七十七号）第二条第

| | |
|---|---|
| | 六　決済の確保 |
| | ㈠　取引参加者は、前号ロに掲げる方法として業務規程に定められた方法により、決済を行うこと。<br>㈡　卸売業者は、農林水産省令で定めるところにより、事業報告書を作成し、これを開設者に提出するとともに、当該事業報告書（出荷者が安定的な決済を確保するために必要な財務に関する情報として農林水産省令で定めるものが記載された部分に限る。）について閲覧の申出があった場合には、農林水産省令で定める正当な理由がある場合を除き、これを閲覧させること。 |

六号に規定する暴力団員又は同号に規定する暴力団員でなくなった日から五年を経過しない者（以下この号において「暴力団員等」という。）

ロ　暴力団員等をその業務に従事させ、又はその業務の補助者として使用する者

ハ　暴力団員等がその事業活動を支配する者

（卸売業者による事業報告書の作成等）

第七条　法第四条第五項第五号の表の六の項㈡の事業報告書は、事業年度ごとに、別記様式第二号により作成し、当該事業年度経過後九十日以内に、開設者に提出しなければならない。

2　法第四条第五項第五号の表の六の項㈡の規定による閲覧は、インターネットの利用、事務所における備置きその他の適切な方法によりさせなければならない。

3　法第四条第五項第五号の表の六の項㈡の農林水産省令で定める財務に関する情報は、貸借対照表及び損益計算書とする。

4　法第四条第五項第五号の表の六の項㈡の農林水産省令で定める正当な理由がある場合は、次のとおりとする。

一　当該卸売業者に対し卸売のための販売の委託又は販売をする見込みがないと認められる者から閲覧の申出がなされた場合

二　安定的な決済を確保する観点から当該卸売業者の財務の状況を確認する目的以外の目的に基づき閲覧の申出がなされたと認められる場合

| | | |
|---|---|---|
| | 七　売買取引の結果等の公表 | 卸売業者は、農林水産省令で定めるところにより、卸売の数量及び価格その他の売買取引の結果（売買取引に係る金銭の収受の状況を含む。）その他の公正な生鮮食料品等の取引の指標となるべき事項として農林水産省令で定めるものを定期的に公表すること。 |

三　同一の者から短期間に繰り返し閲覧の申出がなされた場合

（卸売業者による売買取引の結果等の公表）

第八条　法第四条第五項第五号の表の七の項の規定による公表は、当該卸売業者の取扱品目に属する生鮮食料品等に関する次に掲げる事項について、それぞれ開設者が定める時までに、インターネットの利用その他の適切な方法により行わなければならない。

一　その日の主要な品目の卸売予定数量

二　その日の主要な品目の卸売の数量及び価格

三　その月の前月の委託手数料の種類ごとの受領額及び奨励金等がある場合にあってはその月の前月の奨励金等の種類ごとの交付額（法第四条第五項第五号の表の四の項の規定並びに第五条第四号及び第六号の規定によりその条件を公表した委託手数料及び奨励金等に係るものに限る。）

2　前項第一号及び第二号に掲げる事項の公表は、同項に定めるところによるほか、次に定めるところにより行わなければならない。

一　前項第一号に掲げる事項にあっては、主要な産地と併せて公表すること。

二　前項第二号に掲げる事項にあっては、価格を高値、中値及び安値に区分して行うこと。

三　前項第一号及び第二号に掲げる事項にあっては、次に掲げる区分ごとに行うこと。

イ　せり売又は入札の方法による卸売（ハ又はニに掲げるものを除く。）

ロ　相対による取引の方法による卸売（ハ又はニに掲げるものを除く。）

ハ　法第四条第五項第六号の規定により卸売業

六　前号の表の下欄に掲げる事項以外の遵守事項が定められている場合には、次に掲げる要件に適合するものであること。

イ　当該遵守事項が前号の表の下欄に掲げる事項の内容に反するものでないこと。

ロ　当該遵守事項が取引参加者の意見を聴いて定められていること。

ハ　当該遵守事項及び当該遵守事項が定められた理由が公表されていること。

七　開設者が、取引参加者に遵守事項を遵守させるために必要な体制を有すること。

八　当該卸売市場が、生鮮食料品等の円滑な取引を確保するために必要な施設を有すること。

九　前各号に掲げるもののほか、当該卸売市場が、卸売市場の適正かつ健全な運営に必要なものとして農林水産省令で定める要件に適合するものであること。

者が仲卸業者その他の特定の買受人以外の買受人に対し生鮮食料品等の卸売をすることを制限する遵守事項を定めている場合にあっては、当該買受人に対する卸売

二　法第四条第五項第六号の規定により卸売業者が卸売市場内にある生鮮食料品等以外の生鮮食料品等の卸売をすることを制限する遵守事項を定めている場合にあっては、当該生鮮食料品等の卸売

（卸売市場の適正かつ健全な運営に必要な要件）

第九条　法第四条第五項第九号の農林水産省令で定める要件は、次のとおりとする。

一　開設者が、当該卸売市場の業務の運営に必要な資金を確保することができると見込まれること。

二　当該卸売市場の全ての取扱品目について卸売業者が存在し、かつ、当該卸売業者が卸売の業

6　農林水産大臣は、第一項の認定をしたときは、農林水産省令で定めるところにより、当該認定を受けた卸売市場（次項及び第十八条第一号を除き、以下「中央卸売市場」という。）に関し、次に掲げる事項を公示するものとする。

一　開設者の名称及び住所

二　中央卸売市場の名称

三　中央卸売市場の位置及び取扱品目

7　第一項の認定を受けた卸売市場でないものは、中央卸売市場又はこれに紛らわしい名称を称してはならない。

（欠格事由）

第五条　地方公共団体以外の者であって次の各号のいずれかに該当するものは、前条第一項の認定を受けることができない。

一　法人でない者

二　その法人又はその業務を行う役員がこの法律その他生鮮食料品等の取引に関する法律で政令で定めるものの規定により罰金以上の刑に処せられ、その執行を終わり、又はその執行を受けることのなくなった日から二年を経過しないもの

（生鮮食料品等の取引に関する法律）

第一条　卸売市場法（以下「法」という。）第五条第二号（法第十四条において準用する場合を含む。）の政令で定める法律は、次のとおりとする。

一　私的独占の禁止及び公正取引の確保に関する法律（昭和二十二年法律第五十四号）

二　食品衛生法（昭和二十二年法律第二百三十三号）

三　日本農林規格等に関する法律（昭和二十五年法律第百七十五号）

務を適確に遂行することができると見込まれること。

（中央卸売市場の認定の公示）

第十条　法第四条第六項の規定による公示は、インターネットの利用により行うものとする。

四　商品先物取引法（昭和二十五年法律第二百三十九号）
五　農産物検査法（昭和二十六年法律第百四十四号）
六　輸出入取引法（昭和二十七年法律第二百九十九号）
七　と畜場法（昭和二十八年法律第百十四号）
八　下請代金支払遅延等防止法（昭和三十一年法律第百二十号）
九　商標法（昭和三十四年法律第百二十七号）
十　割賦販売法（昭和三十六年法律第百五十九号）
十一　不当景品類及び不当表示防止法（昭和三十七年法律第百三十四号）
十二　特定商取引に関する法律（昭和五十一年法律第五十七号）
十三　流通食品への毒物の混入等の防止等に関する特別措置法（昭和六十二年法律第百三号）
十四　食鳥処理の事業の規制及び食鳥検査に関する法律（平成二年法律第七十号）
十五　商品投資に係る事業の規制に関する法律（平成三年法律第六十六号）
十六　計量法（平成四年法律第五十一号）
十七　不正競争防止法（平成五年法律第四十七号）
十八　主要食糧の需給及び価格の安定に関する法律（平成六年法律第百十三号）
十九　種苗法（平成十年法律第八十三号）
二十　健康増進法（平成十四年法律第百三号）
二十一　牛の個体識別のための情報の管理及び伝達に関する特別措置法（平成十五年法律第七十二号）
二十二　米穀等の取引等に係る情報の記録及び産

三　第十一条第一項の規定により前条第一項の認定を取り消され、又は第十四条において読み替えて準用する第十一条第一項の規定により第十三条第一項の認定を取り消され、その取消しの日から二年を経過しない法人

四　第十一条第一項の規定による前条第一項の認定の取消し又は第十四条において読み替えて準用する第十一条第一項の規定による第十三条第一項の認定の取消しの日前三十日以内にその取消しに係る法人の業務を行う役員であった者でその取消しの日から二年を経過しないものがその業務を行う役員となっている法人

（変更の認定）

第六条　中央卸売市場の開設者は、第四条第二項各号に掲げる事項又は業務規程の変更（農林水産省令で定める軽微な変更を除く。）をしようとするときは、農林水産省令で定めるところにより、農林水産大臣の変更の認定を受けなければならない。

地情報の伝達に関する法律（平成二十一年法律第二十六号）

二十三　消費者安全法（平成二十一年法律第五十号）

二十四　食品表示法（平成二十五年法律第七十号）

二十五　特定農林水産物等の名称の保護に関する法律（平成二十六年法律第八十四号）

（中央卸売市場に係る変更の認定の申請）

第十一条　法第六条第一項の規定により変更の認定を受けようとする中央卸売市場の開設者は、別記様式第三号による申請書を農林水産大臣に提出しなければならない。この場合において、当該変更が業務規程又は第二条第三項各号に掲げる書類の変更を伴うときは、当該変更後の業務規程又は書類を添付しなければならない。

（中央卸売市場に係る軽微な変更）

第十二条　法第六条第一項の農林水産省令で定める

2　中央卸売市場の開設者は、前項の農林水産省令で定める軽微な変更をしたときは、遅滞なく、その旨を農林水産大臣に届け出なければならない。

軽微な変更は、次に掲げる変更とする。

一　法第四条第二項第一号に掲げる事項の変更（開設者の変更を伴うものを除く。）

二　法第四条第二項第二号に掲げる事項の変更

三　法第四条第二項第三号に掲げる事項の変更のうち、次に掲げるもの

イ　当該中央卸売市場の面積の変更であって、その面積の十パーセント以内を増減するもの

ロ　当該中央卸売市場の施設の変更であって、その全ての施設の面積の十パーセント以内を増減するもの

四　法第四条第二項第四号に掲げる事項のうち、当該中央卸売市場の取扱品目ごとの取扱いの数量及び金額に関する事項の変更

五　法第四条第二項第五号に掲げる事項の変更（開設者の組織の人員の十パーセント以上を減少するものを除く。）

六　法第四条第二項第六号に掲げる事項の変更

七　法第四条第二項第七号に掲げる事項の変更（卸売業者の変更を伴うもの及び当該中央卸売市場のいずれかの取扱品目について卸売業者が存在しなくなるものを除く。）

八　第二条第二項に定める事項の変更

九　業務規程の変更（法第四条第五項第三号イからハまで並びに第四号イ及びロに掲げる事項並びに遵守事項の内容の変更を伴うものを除く。）

（中央卸売市場に係る変更の届出）

第十三条　法第六条第二項の規定による届出は、当該変更の日の七日後までに、別記様式第四号による届出書を提出してしなければならない。

2　中央卸売市場の開設者は、前条第三号から第九

3　第四条第二項から第六項までの規定は、第一項の変更の認定について準用する。

（中央卸売市場の休止及び廃止）

第七条　中央卸売市場の開設者は、その中央卸売市場の業務の全部又は一部を休止し、又は廃止しようとするときは、農林水産省令で定めるところにより、その旨を、取引参加者に通知するとともに、農林水産大臣に届け出なければならない。

（認定の失効）

第八条　中央卸売市場が次の各号のいずれかに該当するに至ったときは、当該中央卸売市場に係る第四条第一項の認定は、その効力を失う。

一　当該中央卸売市場の業務の全部が廃止されたとき。

二　当該中央卸売市場について第十三条第一項の認定があったとき。

2　中央卸売市場の開設者は、当該中央卸売市場について第十三条第一項の認定を受けようとするとき

号までに掲げる変更については、その年度に係る法第十二条第一項の規定による報告をもって、前項の届出書の提出に代えることができる。

3　第一項の届出書の提出又は第二項の報告をする場合において、当該変更が業務規程又は第二条第三項各号に掲げる書類の変更を伴うときは、当該変更後の業務規程又は書類を添付しなければならない。

（中央卸売市場の休止又は廃止の通知及び届出）

第十四条　法第七条の規定による通知は、休止又は廃止の日の三十日前までに、その旨及びその理由を中央卸売市場の見やすい場所に掲示するとともに、インターネットの利用その他の適切な方法により公表してしなければならない。

2　法第七条の規定による届出は、休止又は廃止の日の三十日前までに、別記様式第五号による届出書を提出してしなければならない。

（地方卸売市場の認定申請に係る届出）

第十五条　法第八条第二項の規定による届出は、法

は、農林水産省令で定めるところにより、その旨を農林水産大臣に届け出なければならない。

3　農林水産大臣は、第一項の規定により第四条第一項の認定がその効力を失ったときは、遅滞なく、その旨を公示するものとする。

（指導及び助言）

第九条　農林水産大臣は、中央卸売市場の開設者に対し、中央卸売市場の業務の適正かつ健全な運営を確保するために必要な指導及び助言を行うものとする。

（措置命令）

第十条　農林水産大臣は、中央卸売市場の業務の適正かつ健全な運営を確保するために必要があると認めるときは、その開設者に対し、必要な措置をとるべき旨を命ずることができる。

（認定の取消し）

第十一条　農林水産大臣は、中央卸売市場が次の各号のいずれかに該当するときは、当該中央卸売市場に係る第四条第一項の認定を取り消すことができる。

一　当該中央卸売市場が、第四条第一項の農林水産省令で定める基準に該当しないこととなったとき。

二　当該中央卸売市場が、第四条第五項各号に掲げる要件を欠くに至ったとき。

三　その開設者が、第五条第一号、第二号又は第四号に該当するに至ったとき。

四　その開設者が、開設する卸売市場について不正の手段により第四条第一項の認定（第六条第一項

第十三条第一項の認定の申請後速やかに、別記様式第六号による届出書を提出してしなければならない。

の変更の認定を含む。）又は第十三条第一項の認定（第十四条において読み替えて準用する第六条第一項の変更の認定を含む。）を受けたことが判明したとき。

五　その開設者が、次条第一項若しくは第二項（これらの規定を第十四条において読み替えて準用する場合を含む。）の規定による報告をせず、若しくは資料を提出せず、若しくは虚偽の報告をし、若しくは虚偽の資料を提出し、又は同項（第十四条において読み替えて準用する場合を含む。）の規定による検査を拒み、妨げ、若しくは忌避したとき。

六　その開設者が、この法律若しくは第五条第二号の政令で定める法律若しくはこれらの法律に基づく命令又はこれらに基づく処分に違反したとき。

2　農林水産大臣は、前項の規定により認定を取り消したときは、遅滞なく、その旨を公示するものとする。

（報告及び検査）

第十二条　中央卸売市場の開設者は、毎年、農林水産省令で定めるところにより、当該中央卸売市場の運営の状況を農林水産大臣に報告しなければならない。

2　農林水産大臣は、この法律の施行に必要な限度において、中央卸売市場の開設者に対し、その業務若しくは財産に関し報告若しくは資料の提出を求め、又は当該職員に、中央卸売市場の開設者の事務所その他の業務を行う場所に立ち入り、その業務若しくは財産の状況若しくは帳簿、書類その他の物件を検

（中央卸売市場の運営状況の報告）

第十六条　法第十二条第一項の規定による報告は、毎年度経過後四月以内に、別記様式第七号による報告書を提出してしなければならない。

2　前項の報告書には、当該中央卸売市場の卸売業者の最新の法第四条第五項第五号の表の六の項(二)の事業報告書を添付しなければならない。

査させることができる。

3　前項の規定により立入検査をする当該職員は、その身分を示す証明書を携帯し、関係人に提示しなければならない。

4　第二項の規定による立入検査の権限は、犯罪捜査のために認められたものと解してはならない。

## 第四章　地方卸売市場

（地方卸売市場の認定）

第十三条　卸売市場であって、第五項各号に掲げる要件に適合しているものは、当該卸売市場の所在地を管轄する都道府県知事（以下「都道府県知事」という。）の認定を受けて、地方卸売市場と称することができる。

2　その開設する卸売市場について前項の認定を受けようとする開設者は、農林水産省令で定めるところにより、次に掲げる事項を記載した申請書（以下この条において「申請書」という。）を都道府県知事に提出して、同項の認定の申請をしなければならない。

一　開設者の名称及び住所並びにその代表者の氏名
二　卸売市場の名称
三　卸売市場の位置及び施設に関する事項
四　卸売市場の取扱品目並びに取扱品目ごとの取扱いの数量及び金額に関する事項
五　卸売市場の業務の運営体制に関する事項
六　卸売市場の業務の運営に必要な資金の確保に関する事項
七　卸売市場の卸売業者に関する事項
八　その他農林水産省令で定める事項

（地方卸売市場の認定の申請）

第十七条　法第十三条第二項に規定する申請書は、別記様式第一号（都道府県が別に定める場合にあっては、その様式）により作成しなければならない。

2　法第十三条第二項第八号の農林水産省令で定める事項は、卸売業者以外の取引参加者その他の関係事業者に関する事項とする。

3　第一項の申請書には、次に掲げる書類（都道府県が別に定める場合にあっては、その書類）を添付しなければならない。
一　開設者に関する次に掲げる書類（開設者が地方公共団体である場合にあっては、ニに掲げる書類）
イ　定款
ロ　登記事項証明書
ハ　役員名簿及び役員の履歴書
ニ　別記様式第七号（第三十条第一項の規定により都道府県が別に様式を定めた場合にあっては、当該様式）の例により作成した直近年度の事業報告書又はこれに準ずるもの（開設者が事業の開始後一年を経過していないものである場合にあっては、申請の日を含む年度の事業計画書）
ホ　法第十四条において準用する法第五条第二号から第四号までに掲げる者に該当しないことを誓約する書面
二　卸売市場の施設の配置図
三　卸売業者に関する次に掲げる書類（卸売業者が個人である場合にあっては、戸籍抄本又はこれに代わるもの及びニに掲げる書類）
イ　定款
ロ　登記事項証明書
ハ　役員名簿
ニ　別記様式第二号（第二十一条第一項の規定により都道府県が別に様式を定めた場合にあっては、当該様式）の例により作成した直近の事業年度の事業報告書又はこれに準ずるもの（卸売業者が事業の開始後一年を経過していないものである場合にあっては、申請の日を含む事業年度の事業計画書）

3　申請書には、その申請に係る業務規程を添付しなければならない。

4　業務規程には、次に掲げる事項を定めなければならない。

一　卸売市場の業務の方法

二　取引参加者が当該卸売市場における業務に関し遵守すべき事項

5　都道府県知事は、第一項の認定の申請があった場合において、当該申請に係る卸売市場について次に掲げる要件に適合すると認めるときは、当該認定をするものとする。

一　申請書及び業務規程の内容が、基本方針に照らし適切であること。

二　申請書及び業務規程の内容が、法令に違反しないこと。

---

四　法第十三条第五項第四号イ及びロに掲げる方法が公表されていることを証する書類

五　法第十三条第五項第五号の表の下欄に掲げる事項以外の遵守事項が定められている場合にあっては、次に掲げる書類

イ　当該遵守事項を定めるに当たって法第十三条第五項第六号ロの規定により取引参加者の意見を聴いたことを証する書類

ロ　当該遵守事項及び当該遵守事項が定められた理由が法第十三条第五項第六号ハの規定により公表されていることを証する書類

4　法第十三条第三項に規定する業務規程には、その細則（同条第五項第三号イからハまで並びに第四号イ及びロに掲げる事項並びに遵守事項の内容に係るものに限る。）を委ねた規則（品目、数量、金額、割合その他の軽微な事項のみを委ねたものを除く。）を含む。

三　業務規程に定められている前項第一号に掲げる事項が、次に掲げる事項を内容とするものであること。
イ　開設者は、当該卸売市場の業務の運営に関し、取引参加者に対して、不当に差別的な取扱いをしないこと。
ロ　開設者は、当該卸売市場において取り扱う生鮮食料品等について、農林水産省令で定めるところにより、卸売の数量及び価格その他の農林水産省令で定める事項を公表すること。
ハ　開設者は、業務規程に定められている遵守事項（前項第二号に掲げる事項をいう。以下この項において同じ。）を取引参加者に遵守させるため、これに必要な限度において、取引参加者に対し、指導及び助言、報告及び検査、是正の求めその他の措置をとることができること。
四　業務規程に前項第一号に掲げる事項として次に掲げる方法が定められているとともに、当該方法が農林水産省令で定めるところにより公表されていること。
イ　卸売業者の生鮮食料品等の品目ごとのせり売又は入札の方法、相対による取引の方法その他の売買取引の方法
ロ　取引参加者が売買取引を行う場合における支払期日、支払方法その他の決済の方法

（開設者による売買取引の結果等の公表）
第十八条　法第十三条第五項第三号ロの規定による公表は、当該卸売市場の取扱品目に属する生鮮食料品等に関する次に掲げる事項について、それぞれ開設者が定める時までに、インターネットの利用その他の適切な方法により行わなければならない。
一　その日の主要な品目の卸売予定数量
二　その日の主要な品目の卸売の数量及び価格

（開設者による売買取引の方法及び決済の方法の公表）
第十九条　法第十三条第五項第四号の規定による公表は、インターネットの利用その他の適切な方法により行わなければならない。

五　業務規程に定められている遵守事項が、次の表の上欄に掲げる事項に関し、同表の下欄に掲げる事項を内容とするものであること。

| | |
|---|---|
| 一　売買取引の原則 | 取引参加者は、公正かつ効率的に売買取引を行うこと。 |
| 二　差別的取扱いの禁止 | 卸売業者は、出荷者又は仲卸業者その他の買受人に対して、不当に差別的な取扱いをしないこと。 |
| 三　売買取引の方法 | 卸売業者は、前号イに掲げる方法として業務規程に定められた方法により、卸売をすること。 |
| 四　売買取引の条件の公表 | 卸売業者は、農林水産省令で定めるところにより、その取扱品目その他売買取引の条件（売買取引に係る金銭の収受に関する条件を含む。）を公表すること。 |

（卸売業者による売買取引の条件の公表）

第二十条　法第十三条第五項第五号の表の四の項の規定による公表は、次に掲げる事項について、インターネットの利用その他の適切な方法により行わなければならない。

一　営業日及び営業時間

二　取扱品目

三　生鮮食料品等の引渡しの方法

四　委託手数料その他の生鮮食料品等の卸売に関し出荷者又は買受人が負担する費用の種類、内容及びその額

五　生鮮食料品等の卸売に係る販売代金の支払期日及び支払方法（法第十三条第五項第四号ロに掲げる方法として業務規程に定められた決済の方法に則したものに限る。）

| | |
|---|---|
| 五　決済の確保 | (一)　取引参加者は、前号ロに掲げる方法として業務規程に定められた方法により、決済を行うこと。<br>(二)　卸売業者は、農林水産省令で定めるところにより、事業報告書を作成し、これを開設者に提出するとともに、当該事業報告書（出荷者が安定的な決済を確保するために必要な財務に関する情報として農林水産省令で定めるものが記載された部分に限る。）について閲覧の申出があった場合には、農林水産省令で定める正当な理由がある場合を除き、これを閲覧させること。 |

六　奨励金等がある場合には、その種類、内容及びその額（その交付の基準を含む。）

（卸売業者による事業報告書の作成等）

第二十一条　法第十三条第五項第五号の表の五の項(二)の事業報告書は、事業年度ごとに、別記様式第二号（都道府県が別に定める場合にあっては、その様式）により作成し、当該事業年度経過後九十日以内（都道府県が別に定める場合にあっては、その期限まで）に、開設者に提出しなければならない。

2　法第十三条第五項第五号の表の五の項(二)の規定による閲覧は、インターネットの利用、事務所における備置きその他の適切な方法によりさせなければならない。

3　法第十三条第五項第五号の表の五の項(二)の農林水産省令で定める財務に関する情報は、貸借対照表及び損益計算書とする。

4　法第十三条第五項第五号の表の五の項(二)の農林水産省令で定める正当な理由がある場合は、次のとおりとする。

一　当該卸売業者に対し卸売のための販売の委託又は販売をする見込みがないと認められる者から閲覧の申出がなされた場合

二　安定的な決済を確保する観点から当該卸売業者の財務の状況を確認する目的以外の目的に基づき閲覧の申出がなされたと認められる場合

三　同一の者から短期間に繰り返し閲覧の申出がなされた場合

| | |
|---|---|
| 六　売買取引の結果等の公表 | 卸売業者は、農林水産省令で定めるところにより、卸売の数量及び価格その他の売買取引の結果（売買取引に係る金銭の収受の状況を含む。）その他の公正な生鮮食料品等の取引の指標となるべき事項として農林水産省令で定めるものを定期的に公表すること。 |

六　前号の表の下欄に掲げる事項以外の遵守事項が定められている場合には、次に掲げる要件に適合するものであること。

イ　当該遵守事項が前号の表の下欄に掲げる事項の内容に反するものでないこと。

ロ　当該遵守事項が取引参加者の意見を聴いて定められていること。

ハ　当該遵守事項及び当該遵守事項が定められた理由が公表されていること。

七　開設者が、取引参加者に遵守事項を遵守させるために必要な体制を有すること。

八　当該卸売市場が、生鮮食料品等の円滑な取引を確保するために必要な施設を有すること。

（卸売業者による売買取引の結果等の公表）

第二十二条　法第十三条第五項第五号の表の六の項の規定による公表は、当該卸売業者の取扱品目に属する生鮮食料品等に関する次に掲げる事項について、それぞれ開設者が定める時までに、インターネットの利用その他の適切な方法により行わなければならない。

一　その日の主要な品目の卸売予定数量

二　その日の主要な品目の卸売の数量及び価格

三　その月の前月の委託手数料の種類ごとの受領額及び奨励金等がある場合にあってはその月の前月の奨励金等の種類ごとの交付額（法第十三条第五項第五号の表の四の項の規定並びに第二十条第四号及び第六号の規定によりその条件を公表した委託手数料及び奨励金等に係るものに限る。）

九　前各号に掲げるもののほか、当該卸売市場が、卸売市場の適正かつ健全な運営に必要なものとして農林水産省令で定める要件に適合するものであること。

6　都道府県知事は、第一項の認定をしたときは、農林水産省令で定めるところにより、当該認定を受けた卸売市場（次項及び第十八条第一号を除き、以下「地方卸売市場」という。）に関し、次に掲げる事項を公示するものとする。

一　開設者の名称及び住所

二　地方卸売市場の名称

三　地方卸売市場の位置及び取扱品目

7　第一項の認定を受けた卸売市場でないものは、地方卸売市場又はこれに紛らわしい名称を称してはならない。

（準用）

第十四条　第五条から第十条まで、第十一条（第一項第一号に係る部分を除く。）及び第十二条の規定は、前条第一項の認定について準用する。この場合において、これらの規定（第六条第一項を除く。）中「農林水産大臣」とあるのは「都道府県知事」と、第六条第一項中「第四条第二項各号」とあるのは「第十三条第二項各号」と、「農林水産大臣」とあるのは「その所在地を管轄する都道府県知事（以

---

（卸売市場の適正かつ健全な運営に必要な要件）

第二十三条　法第十三条第五項第九号の農林水産省令で定める要件は、次のとおりとする。

一　開設者が、当該卸売市場の業務の運営に必要な資金を確保することができると見込まれること。

二　当該卸売市場の全ての取扱品目について卸売業者が存在し、かつ、当該卸売業者が卸売の業務を適確に遂行することができると見込まれること。

（地方卸売市場の認定の公示）

第二十四条　法第十三条第六項の規定による公示は、インターネットの利用、都道府県の公報への掲載その他の適切な方法により行うものとする。

（地方卸売市場に係る変更の認定の申請）

第二十五条　法第十四条において読み替えて準用する法第六条第一項の規定により変更の認定を受けようとする地方卸売市場の開設者は、別記様式第三号（都道府県が別に定める場合にあっては、その様式）による申請書を都道府県知事に提出しなければならない。この場合において、当該変更が業務規程又は第十七条第三項各号に掲げる書類（同項の規定により都道府県が別に書類を定めた

下第十二条までにおいて「都道府県知事」という。）」と、同条第三項中「第四条第二項」とあるのは「第十三条第二項」と、第八条第一項第二号及び第二項中「第十三条第一項」とあるのは「第四条第一項」と、第十一条第一項第二号中「第四条第五項各号」とあるのは「第十三条第五項各号」と読み替えるものとする。

場合にあっては、当該書類。以下同じ。）の変更を伴うときは、当該変更後の業務規程又は書類を添付しなければならない。

（地方卸売市場に係る軽微な変更）

第二十六条　法第十四条において読み替えて準用する法第六条第一項の農林水産省令で定める軽微な変更は、次に掲げる変更（都道府県が別に定める場合にあっては、その変更）とする。

一　法第十三条第二項第一号に掲げる事項の変更（開設者の変更を伴うものを除く。）

二　法第十三条第二項第二号に掲げる事項の変更

三　法第十三条第二項第三号に掲げる事項の変更のうち、当該地方卸売市場の施設の変更であって、その全ての施設の面積の十パーセント以内を増減するもの

四　法第十三条第二項第四号に掲げる事項のうち、当該地方卸売市場の取扱品目ごとの取扱いの数量及び金額に関する事項の変更

五　法第十三条第二項第五号に掲げる事項の変更（開設者の組織の人員の十パーセント以上を減少するものを除く。）

六　法第十三条第二項第六号に掲げる事項の変更

七　法第十三条第二項第七号に掲げる事項の変更（卸売業者の変更を伴うもの及び当該地方卸売市場のいずれかの取扱品目について卸売業者が存在しなくなるものを除く。）

八　第十七条第二項に定める事項の変更

九　業務規程の変更（法第十三条第五項第三号イからハまで並びに第四号イ及びロに掲げる事項並びに遵守事項の内容の変更を伴うものを除く。）

（地方卸売市場に係る変更の届出）

第二十七条　法第十四条において読み替えて準用する法第六条第二項の規定による届出は、当該変更の日の七日後まで（都道府県が別に定める場合にあっては、その期限まで）に、別記様式第四号（都道府県が別に定める場合にあっては、その様式）による届出書を提出してしなければならない。

2　地方卸売市場の開設者は、前条第三号から第九号までに掲げる変更（都道府県が別に定める場合にあっては、その変更）については、その年度に係る法第十四条において読み替えて準用する法第十二条第一項の規定による報告をもって、前項の規定による届出書の提出に代えることができる。

3　第一項の届出書の提出又は第二項の報告をする場合において、当該変更が業務規程又は第十七条第三項各号に掲げる書類の変更を伴うときは、当該変更後の業務規程又は書類を添付しなければならない。

（地方卸売市場の休止又は廃止の通知及び届出）

第二十八条　法第十四条において読み替えて準用する法第七条の規定による通知は、休止又は廃止の日の三十日前までに、その旨及びその理由を地方卸売市場の見やすい場所に掲示するとともに、インターネットの利用その他の適切な方法により公表してしなければならない。

2　法第十四条において読み替えて準用する法第七条の規定による届出は、休止又は廃止の日の三十日前まで（都道府県が別に定める場合にあっては、その期限まで）に、別記様式第五号（都道府県が別に定める場合にあっては、その様式）による届出書を提出してしなければならない。

（農林水産大臣への報告等）

第十五条　農林水産大臣は、都道府県知事に対し、地方卸売市場に関し必要な報告若しくは資料の提出を求め、又は地方卸売市場の行政に関し必要な助言若しくは勧告をすることができる。

第五章　雑則

（助成）

第十六条　国は、中央卸売市場の開設者であって食品等の流通の合理化及び取引の適正化に関する法律第

（中央卸売市場の認定申請に係る届出）

第二十九条　法第十四条において読み替えて準用する法第八条第二項の規定による届出は、法第四条第一項の認定の申請後速やかに（都道府県が別に定める場合にあっては、その期限までに）、別記様式第六号（都道府県が別に定める場合にあっては、その様式）による届出書を提出してしなければならない。

（地方卸売市場の運営状況の報告）

第三十条　法第十四条において読み替えて準用する法第十二条第一項の規定による報告は、毎年度経過後四月以内（都道府県が別に定める場合にあっては、その期限まで）に、別記様式第七号（都道府県が別に定める場合にあっては、その様式）による報告書を提出してしなければならない。

2　前項の報告書には、当該地方卸売市場の卸売業者の最新の法第十三条第五項第五号の表の五の項㈡の事業報告書（都道府県が別に定める場合にあっては、その書類）を添付しなければならない。

五条第一項の認定を受けたものが同法第六条第二項に規定する認定計画（次項において「認定計画」という。）に従って当該中央卸売市場の施設の整備を行う場合には、当該開設者に対し、予算の範囲内において、当該施設の整備に要する費用の十分の四以内を補助することができる。

2　国及び都道府県は、中央卸売市場又は地方卸売市場の開設者であって食品等の流通の合理化及び取引の適正化に関する法律第五条第一項の認定を受けたものが認定計画に従って当該中央卸売市場又は地方卸売市場の施設の整備を行う場合には、当該開設者に対し、必要な助言、指導、資金の融通のあっせんその他の援助を行うように努めるものとする。

（都道府県が処理する事務等）

第十七条　この法律に規定する農林水産大臣の権限に属する事務の一部は、政令で定めるところにより、都道府県知事が行うこととすることができる。

（都道府県が処理する事務）

第二条　法第十二条第二項に規定する農林水産大臣の権限に属する事務（都道府県、地方自治法（昭和二十二年法律第六十七号）第二百五十二条の十九第一項の指定都市又は同法第二百八十四条第一項の一部事務組合若しくは広域連合（同一の都道府県の区域の一部をその区域とする地方公共団体のみが組織するものであって、同法第二百五十二条の十九第一項の指定都市が加入しないものを除く。）が開設する中央卸売市場に係るものを除く。）は、都道府県知事が行うこととする。ただし、中央卸売市場の業務の適正かつ健全な運営を確保するため必要があると認めるときは、農林水産大臣が自らその権限に属する事務を行うことを妨げない。

2　前項本文の場合においては、法中同項本文に規定する事務に係る農林水産大臣に関する規定は、都道府県知事に関する規定として都道府県知事に適用があるものとする。

2　この法律に規定する農林水産大臣の権限は、農林水産省令で定めるところにより、その一部を地方農政局長に委任することができる。

## 第六章　罰則

第十八条　次の各号のいずれかに該当する者は、三十万円以下の罰金に処する。
一　第四条第七項又は第十三条第七項の規定に違反して、中央卸売市場若しくは地方卸売市場又はこれらに紛らわしい名称を称した者
二　第十二条第一項若しくは第二項（これらの規定を第十四条において読み替えて準用する場合を含む。）の規定による報告をせず、若しくは資料を

3　都道府県知事は、第一項本文の規定に基づき法第十二条第二項の規定により報告若しくは資料の提出を求め、又は立入検査をした場合には、農林水産省令で定めるところにより、その結果を農林水産大臣に報告しなければならない。

（検査等の結果の報告）
第三十一条　卸売市場法施行令（昭和四十六年政令第二百二十一号。以下「令」という。）第二条第三項の規定による報告は、遅滞なく、次に掲げる事項を記載した書面を提出してしなければならない。
一　報告若しくは資料の提出を求め、又は立入検査をした開設者の名称
二　報告若しくは資料の提出を求め、又は立入検査をした年月日
三　開設者がした報告の内容若しくは提出した資料の内容又は立入検査の結果
四　その他参考となる事項

（権限の委任）
第三十二条　法第六条第二項、第七条、第八条第二項並びに第十二条第一項及び第二項並びに令第二条第三項の規定による農林水産大臣の権限（法第十二条第二項の規定による立入検査の権限を除く。）は、地方農政局長に委任する。ただし、法第十二条第二項の規定による報告又は資料の提出を求める権限については、農林水産大臣が自ら行うことを妨げない。

提出せず、若しくは虚偽の報告をし、若しくは虚偽の資料を提出し、又は同項（第十四条において読み替えて準用する場合を含む。）の規定による検査を拒み、妨げ、若しくは忌避した者

第十九条　法人の代表者又は法人若しくは人の代理人、使用人その他の従業者が、その法人又は人の業務に関し、前条の違反行為をしたときは、行為者を罰するほか、その法人又は人に対して同条の刑を科する。

附　則　抄

（施行期日）

第一条　この法律は、公布の日から起算して六月を超えない範囲内において政令で定める日から施行する。ただし、次の各号に掲げる規定は、当該各号に定める日から施行する。

一　次条並びに附則第五条、第八条、第九条及び第三十二条の規定　公布の日

二　附則第三条及び第十四条の規定　公布の日から起算して一年六月を超えない範囲内において政令で定める日

三　第一条の規定及び第二条中食品流通構造改善促進法第三章を第二章とし、同章の次に一章を加える改正規定（第二十七条第二項に係る部分に限る。）並びに附則第四条、第十五条から第十八条まで及び第三十条の規定　公布の日から起算して二年を超えない範囲内において政令で定める日

（卸売市場に関する基本方針に関する経過措置）

第二条　農林水産大臣は、前条第三号に掲げる規定の施行の日（以下「第三号施行日」という。）前にお

附　則　抄

（施行期日）

第一条　この政令は、改正法の施行の日（平成三十年十月二十二日）から施行する。ただし、第一条、第四条から第六条まで、第八条及び第十四条並びに次条の規定は、改正法附則第一条第三号に掲げる規定の施行の日（平成三十二年六月二十一日）から施行する。

附　則　抄

（施行期日）

第一条　この省令は、卸売市場法及び食品流通構造改善促進法の一部を改正する法律（以下「改正法」という。）の施行の日（平成三十年十月二十二日）から施行する。ただし、次の各号に掲げる規定は、当該各号に定める日から施行する。

一　次条の規定　改正法附則第一条第二号に掲げる規定の施行の日（平成三十一年十二月二十一日）

二　第一条、第三条、第四条、第六条、第七条及び第九条並びに附則第三条の規定　改正法附則第一条第三号に掲げる規定の施行の日（平成三十二年六月二十一日）

（中央卸売市場又は地方卸売市場の認定の申請に係る記載事項等の省略）

第二条　改正法附則第三条第五項の農林水産省令で定める事項は、次に掲げる申請の区分に応じ、それぞれ次に定める事項とする。

一　改正法第一条の規定による改正前の卸売市場

いても、第一条の規定による改正後の卸売市場法（以下「新卸売市場法」という。）第三条の規定の例により、卸売市場に関する基本方針を定め、これを公表することができる。

2　前項の規定により定められた卸売市場に関する基本方針は、第三号施行日において新卸売市場法第三条の規定により定められたものとみなす。

（中央卸売市場又は地方卸売市場の認定に関する経過措置）

第三条　その開設する卸売市場（新卸売市場法第二条第二項に規定する卸売市場に該当するものをいう。次項から第四項までにおいて同じ。）について新卸売市場法第四条第一項の認定を受けようとする開設者（新卸売市場法第二条第三項に規定する開設者に該当する者をいう。第三項において同じ。）は、第三号施行日前においても、新卸売市場法第四条第一項から第四項までの規定の例により、その申請をすることができる。

2　農林水産大臣は、前項の申請があった場合においては、第三号施行日前においても、新卸売市場法第四条第五項及び第五条（次条の規定によりみなして適用する場合を含む。）の規定の例により、その認定をすることができる。この場合において、その認定を受けた卸売市場は、第三号施行日において新卸売市場法第四条第一項の認定を受けたものとみなす。

3　その開設する卸売市場について新卸売市場法第十三条第一項の認定を受けようとする開設者は、第三号施行日前においても、同項から同条第四項までの規定の例により、その申請をすることができる。

4　前項の申請に係る卸売市場の所在地を管轄する都道府県知事は、当該申請があった場合においては、

法（昭和四十六年法律第三十五号。以下この項において「旧卸売市場法」という。）第二条第三項に規定する中央卸売市場（次項において「旧中央卸売市場」という。）に係る改正法附則第三条第一項の申請　改正法第一条の規定による改正後の卸売市場法（次号において「新卸売市場法」という。）第四条第二項第三号、第七号及び第八号に掲げる事項

二　旧卸売市場法第二条第四項に規定する地方卸売市場（第三項において「旧地方卸売市場」という。）に係る改正法附則第三条第三項の申請　新卸売市場法第十三条第二項第三号、第七号及び第八号に掲げる事項（都道府県が別に定める場合にあっては、その事項）

2　旧中央卸売市場に係る改正法附則第三条第一項の申請については、第一条の規定による改正後の卸売市場法施行規則（次項において「新卸売市場法施行規則」という。）第二条第三項の規定にかかわらず、同項第一号から第三号までに掲げる書類の添付を省略することができる。

3　旧地方卸売市場に係る改正法附則第三条第三項の申請については、新卸売市場法施行規則第十七条第三項の規定にかかわらず、同項第一号から第三号までに掲げる書類（第一号ニ及びホに掲げる書類を除き、都道府県が別に定める場合にあっては、その書類）の添付を省略することができる。

第三号施行日前においても、新卸売市場法第十三条第五項及び新卸売市場法第十四条において準用する新卸売市場法第五条（次条の規定によりみなして適用する場合を含む。）の規定の例により、その認定をすることができる。この場合において、その認定を受けた卸売市場は、第三号施行日において新卸売市場法第十三条第一項の認定を受けたものとみなす。

5　第一条の規定による改正前の卸売市場法（次条において「旧卸売市場法」という。）第二条第三項に規定する中央卸売市場（次項において「旧中央卸売市場」という。）又は同条第四項に規定する地方卸売市場（次項において「旧地方卸売市場」という。）に係る第一項又は第三項の申請については、新卸売市場法第四条第二項又は第十三条第二項の規定にかかわらず、卸売市場（新卸売市場法第二条第二項に規定する卸売市場をいう。次項において同じ。）の施設に関する事項その他の農林水産省令で定める事項の記載を省略することができる。

6　附則第一条第三号に掲げる規定の施行の際旧中央卸売市場又は旧地方卸売市場に該当している卸売市場は、同号に掲げる規定の施行の際第一項又は第三項の申請について処分が行われていない場合においては、その処分が行われるまでの間は、新卸売市場法第四条第七項又は第十三条第七項の規定にかかわらず、それぞれ中央卸売市場又は地方卸売市場と称することができる。

（卸売市場を開設する者の欠格事由に関する経過措置）

第四条　新卸売市場法第五条（第三号及び第四号に係る部分に限る。）（新卸売市場法第十四条において準用する場合を含む。）の規定の適用については、旧卸売市場法第四十九条第一項（第二号に係る部分に限る。）の規定により旧卸売市場法第八条の認可を取り消され、又は旧卸売市場法第六十五条第一項若しくは第二項の規定により旧卸売市場法第五十五条の許可を取り消された者は、その処分を受けた日において、新卸売市場法第十一条第一項の規定により新卸売市場法第四条第一項の認定を取り消され、又は新卸売市場法第十四条において読み替えて準用する新卸売市場法第十一条第一項の規定により新卸売市場法第十三条第一項の認定を取り消されたものとみなす。

（罰則に関する経過措置）
第三十一条　この法律の施行前にした行為及びこの附則の規定によりなお従前の例によることとされる場合におけるこの法律の施行後にした行為に対する罰則の適用については、なお従前の例による。

（政令への委任）
第三十二条　この附則に定めるもののほか、この法律の施行に関し必要な経過措置（罰則に関する経過措置を含む。）は、政令で定める。

別記様式第1号から第7号　〔略〕

**著者略歴**
細川 允史（ほそかわ　まさし）

卸売市場政策研究所代表
1943年　東京生まれ
1968年　東京大学農学部農業生物学科「園芸第一教室」卒業
1970年　東京都庁に入庁
以来、東京都中央卸売市場食肉市場業務課長、同大田市場業務課長、労働経済局農林水産部農芸緑生課長、中央卸売市場監理課長、東京都農業試験場長などを歴任
1993年　農学博士号取得（東京農工大学連合大学院）
1994年　日本農業市場学会賞受賞
1997年　酪農学園大学食品流通学科教授に就任
2011年　酪農学園大学勤務終了
同年　卸売市場政策研究所を設立、代表に就任。現在に至る

現在、総務省地方公営企業等経営アドバイザー、食品流通構造改善促進機構・評議員、東京都中央卸売市場業務運営協議会委員、同卸売市場審議会臨時委員、日本農業市場学会名誉会員、日本流通学会参与

**改正卸売市場法の解析と展開方向**

---

2019年4月11日　第1版第1刷発行
定価はカバーに表示してあります。

著　者　細川 允史
発行者　鶴見 治彦
発行所　筑波書房

〒162-0825 東京都新宿区神楽坂2-19 銀鈴会館
☎ 03-3267-8599　郵便振替 00150-3-39715
http://www.tsukuba-shobo.co.jp

---

ISBN978-4-8119-0552-5　C3061
印刷・製本＝中央精版印刷株式会社